普通高等教育计算机类专业教材

Python 语言程序设计教程

主　编　郭其标　房宜汕

副主编　陈生庆　赵　鑫　梁　栋

中国水利水电出版社
www.waterpub.com.cn
·北京·

内 容 提 要

本书根据教育部高等学校非计算机专业计算机基础课程教学指导分委员会最新制定的教学大纲、全国计算机等级考试大纲，并结合高等学校非计算机专业培养目标编写而成。本书从 Python 概念开始，由浅入深地设计层次结构，内容简明易懂，符合非计算机专业学生的学习需要。全书共有 8 章，主要内容包括 Python 介绍、Python 数据类型、程序的控制结构、组合数据类型、函数、文件操作、模块、综合应用。

本书可作为各类高等学校非计算机专业计算机基础课程教材，也可作为全国计算机等级考试的参考书及广大计算机编程爱好者的入门自学用书。

图书在版编目（ＣＩＰ）数据

Python语言程序设计教程 / 郭其标，房宜汕主编
. -- 北京 ：中国水利水电出版社，2022.8
普通高等教育计算机类专业教材
ISBN 978-7-5226-0726-9

Ⅰ．①P… Ⅱ．①郭… ②房… Ⅲ．①软件工具－程序
设计－高等学校－教材 Ⅳ．①TP311.561

中国版本图书馆CIP数据核字(2022)第086404号

策划编辑：陈红华　　责任编辑：陈红华　　加工编辑：杜雨佳　　封面设计：梁　燕

书　　名	普通高等教育计算机类专业教材 Python 语言程序设计教程 Python YUYAN CHENGXU SHEJI JIAOCHENG
作　　者	主　编　郭其标　房宜汕 副主编　陈生庆　赵　鑫　梁　栋
出版发行	中国水利水电出版社 （北京市海淀区玉渊潭南路 1 号 D 座　100038） 网址：www.waterpub.com.cn E-mail: mchannel@263.net（万水） 　　　　sales@mwr.gov.cn 电话：（010）68545888（营销中心）、82562819（万水）
经　　售	北京科水图书销售有限公司 电话：（010）68545874、63202643 全国各地新华书店和相关出版物销售网点
排　　版	北京万水电子信息有限公司
印　　刷	三河市德贤弘印务有限公司
规　　格	184mm×260mm　16 开本　8.5 印张　212 千字
版　　次	2022 年 8 月第 1 版　2022 年 8 月第 1 次印刷
印　　数	0001—3000 册
定　　价	28.00 元

凡购买我社图书，如有缺页、倒页、脱页的，本社营销中心负责调换

前　　言

进入 21 世纪以来，随着中小学信息技术教育的普及程度越来越高，大学新生计算机知识的起点随之逐年提高，大学计算机基础课程的教学改革正在全国高校轰轰烈烈地展开，全国高校的计算机基础教育逐步走上了规范化的发展道路。随着时代的发展，计算机基础教学所面临的形势发生了很大变化，计算机应用能力已成为了衡量大学生素质与能力的突出标志之一。高校的计算机基础教育将从带有普及性质的初级阶段，开始步入更加科学、更加合理、更加符合 21 世纪高校人才培养目标且更具大学教育特征和专业特征的新阶段。这对大学计算机基础课程的教学内容提出了更新、更高、更具体的要求，同时也把计算机基础教学推入了新一轮的改革浪潮之中。

本书根据教育部高等学校非计算机专业计算机基础课程教学指导分委员会针对计算机基础教学的目标与定位、组成与分工，以及计算机基础教学的基本要求和计算机编程知识结构所提出的"Python 程序设计"课程教学大纲，并结合全国计算机等级考试大纲和高等学校非计算机专业培养目标编写而成。

本书由郭其标、房宜汕担任主编，陈生庆、赵鑫、梁栋担任副主编，由郭其标审定。全书分为 8 章，第 1～2 章由郭其标编写，第 3～4 章由赵鑫编写，第 5～6 章由房宜汕编写，第 7～8 章由陈生庆编写，梁栋负责本书的资料收集和整理工作。

本书在编写过程中得到了有关专家和老师的指导与支持，在此表示衷心的感谢。由于编者水平有限，书中难免有疏漏和不足之处，敬请各位专家、同行和广大读者提出宝贵意见，以便再版时及时修改，在此表示诚挚的谢意！

编　者
2022 年 3 月

目　　录

前言

第1章　Python 介绍 ……………………… 1

1.1　Python 语言的发展 ……………… 1

1.2　Python 语言的特点 ……………… 1

1.3　Python 语言的开发环境配置 …… 2

　1.3.1　Python 的安装 ……………… 2

　1.3.2　PyCharm 的安装 …………… 4

　1.3.3　编写 Python 程序 ………… 11

1.4　程序的基本编写方法 …………… 13

1.5　Python 程序实例 ………………… 14

1.6　本章小结 ………………………… 14

1.7　习题 ……………………………… 14

第2章　Python 数据类型 ……………… 16

2.1　数据类型介绍 …………………… 16

2.2　变量和赋值 ……………………… 17

2.3　简单数据类型 …………………… 19

　2.3.1　整型 ………………………… 19

　2.3.2　浮点型 ……………………… 20

　2.3.3　复数类型 …………………… 20

　2.3.4　布尔型 ……………………… 21

2.4　运算符 …………………………… 21

　2.4.1　算术运算符 ………………… 21

　2.4.2　逻辑运算符 ………………… 22

　2.4.3　比较运算符 ………………… 23

　2.4.4　成员运算符 ………………… 23

　2.4.5　位运算符 …………………… 23

　2.4.6　复合赋值运算符 …………… 24

　2.4.7　运算符优先级 ……………… 25

2.5　字符串类型 ……………………… 26

　2.5.1　字符串表示 ………………… 26

　2.5.2　转义字符 …………………… 27

　2.5.3　字符串格式化 ……………… 28

　2.5.4　字符串运算 ………………… 30

　2.5.5　字符串内建方法 …………… 31

2.6　数据类型实例——温度转换 …… 32

2.7　本章小结 ………………………… 33

2.8　习题 ……………………………… 33

第3章　程序的控制结构 ……………… 35

3.1　算法概述 ………………………… 35

　3.1.1　初识算法 …………………… 35

　3.1.2　算法的基本结构 …………… 36

3.2　选择结构 ………………………… 37

　3.2.1　单分支和双分支 if 语句 … 38

　3.2.2　多分支 if 语句 …………… 39

　3.2.3　if 嵌套 …………………… 39

3.3　循环结构 ………………………… 40

　3.3.1　while 循环 ………………… 40

　3.3.2　for 循环 …………………… 41

　3.3.3　嵌套循环 …………………… 42

　3.3.4　循环结构中的其他语句 …… 42

3.4　程序的异常处理 ………………… 43

　3.4.1　理解异常 …………………… 43

　3.4.2　处理异常 …………………… 44

3.5　控制结构程序设计举例 ………… 46

3.6　本章小结 ………………………… 47

3.7　习题 ……………………………… 47

第4章　组合数据类型 ………………… 50

4.1　组合数据类型概述 ……………… 50

4.2　列表 ……………………………… 51

　4.2.1　列表的创建 ………………… 52

　4.2.2　列表的访问 ………………… 52

　4.2.3　列表的更新 ………………… 53

　4.2.4　列表元素的删除 …………… 54

　4.2.5　列表元素的排序和翻转 …… 55

　4.2.6　列表的运算 ………………… 55

　4.2.7　列表的嵌套 ………………… 56

4.3　元组 ……………………………… 56

4.3.1 元组的创建 ················ 57
4.3.2 元组的访问 ················ 57
4.3.3 元组的拼接 ················ 58
4.3.4 元组的运算 ················ 58
4.4 字典 ························· 58
4.4.1 字典的创建 ················ 59
4.4.2 字典的访问 ················ 60
4.4.3 字典的修改 ················ 60
4.4.4 字典的遍历 ················ 61
4.5 集合 ························· 62
4.5.1 集合的创建 ················ 62
4.5.2 集合元素的更新 ············ 63
4.5.3 集合元素的删除 ············ 63
4.5.4 集合的遍历 ················ 63
4.6 组合数据类型程序设计举例 ······· 63
4.7 本章小结 ····················· 64
4.8 习题 ························· 64

第5章 函数 ·················· 67
5.1 函数的概述 ··················· 67
5.2 函数 ························· 67
5.2.1 内置函数 ·················· 67
5.2.2 自定义函数 ················ 68
5.3 函数的参数 ··················· 69
5.3.1 默认值参数和关键参数 ······ 69
5.3.2 可变长参数 ················ 70
5.3.3 函数传值问题 ·············· 71
5.4 递归函数 ····················· 72
5.5 匿名函数 ····················· 73
5.6 生成器函数 ··················· 75
5.7 变量的作用域 ················· 75
5.8 函数程序设计举例 ············· 77
5.9 本章小结 ····················· 79
5.10 习题 ························ 79

第6章 文件操作 ·············· 81
6.1 文件概述 ····················· 81
6.1.1 I/O操作概述 ·············· 81
6.1.2 文件 ····················· 81
6.2 文件的打开和关闭 ············· 81

6.2.1 文件的打开 ················ 81
6.2.2 文件的关闭 ················ 83
6.3 文件的读写操作 ··············· 83
6.3.1 读取文件 ·················· 84
6.3.2 写文件 ···················· 85
6.4 文件的随机读写 ··············· 87
6.5 常用os模块的文件方法和目录方法 ······ 88
6.6 二进制文件的操作 ············· 89
6.7 文件程序设计举例 ············· 90
6.8 本章小结 ····················· 92
6.9 习题 ························· 92

第7章 模块 ·················· 94
7.1 模块的使用 ··················· 94
7.2 自定义模块 ··················· 95
7.3 安装引用其他模块 ············· 97
7.3.1 导入和使用标准模块 ········ 97
7.3.2 常用标准模块 ·············· 98
7.3.3 第三方模块的下载与安装 ····· 99
7.4 本章小结 ···················· 101
7.5 习题 ························ 101

第8章 综合应用 ············· 102
8.1 NumPy数值计算基础 ········· 102
8.1.1 NumPy简介 ·············· 102
8.1.2 创建数组 ················· 102
8.1.3 数组尺寸 ················· 104
8.1.4 数组运算 ················· 105
8.1.5 数组切片 ················· 107
8.1.6 数组连接 ················· 108
8.1.7 数据存取 ················· 108
8.1.8 数组排序与搜索 ··········· 109
8.2 Matplotlib数据可视化基础 ···· 109
8.3 jieba库的使用 ·············· 116
8.4 wordcloud库的使用 ········· 118
8.4.1 词云简介 ················· 118
8.4.2 中英文词云的处理区别 ····· 118
8.4.3 WordCloud常用的函数 ···· 119
8.4.4 词云图生成步骤 ··········· 119

附录 习题参考答案 ··············· 123

第 1 章　Python 介绍

1.1　Python 语言的发展

Python 语言诞生于 1990 年，由吉多·范·罗苏姆（Guido Van Rossum）设计并领导开发。1989 年 12 月，Guido 考虑启动一个开发项目以打发圣诞节前后的时间，所以决定为当时正在构思的一个新的脚本语言写一个解释器，因此在次年诞生了 Python 语言。之所以选中 Python 作为程序的名字，是因为他是 BBC 电视剧（Monty Python's Flying Circus）的爱好者。也许 Python 语言的诞生是个偶然事件，但 30 多年持续不断的发展将这个偶然事件变成了计算机技术发展过程中的一件大事。

Python 语言是开源项目的优秀代表，其解释器的全部代码都是开源的，可以在 Python 语言的官方网站（https://www.python.org/）自由下载。Python 软件基金会（Python Software Foundation，PSF）作为一个非营利组织，拥有 Python 2.1 版本之后所有版本的版权，该组织致力于更好推进并保护 Python 语言的开放性。

2000 年 10 月，Python 2.0 正式发布，标志着 Python 语言完成了自身涅槃，解决了其解释器和运行环境中的诸多问题。开启了 Python 广泛应用的新时代。2010 年，Python 2.x 系列发布了最后一版，其主版本号为 2.7，用于终结 2.x 系列版本的发展，并且不再进行重大改进。

2008 年 12 月，Python 3.0 正式发布，这个版本在语法层面和解释器内部做了很多重大改进，解释器内部采用完全面向对象的方式。这些重要修改所付出的代价是 3.x 系列版本代码无法向下兼容 Python 2.x 系列的既有语法。因此，所有基于 Python 2.x 系列版本编写的库函数都必须修改后才能被 Python 3.x 系列解释器运行。

Python 语言经历了一个痛苦但令人期待的版本更迭过程。从 2008 年开始，用 Python 编写的几万个函数库开始了版本升级过程，至今，绝大部分 Python 函数库和 Python 程序员都采用 Python 3.x 系列语法和解释器。

鉴于 Python 3.x 是现在和未来主流的 Python 版本，本书采用 Python 3.10 版本。跟之前的版本相比，Python 3.10 版本新增了 match-case 结构模式匹配、新型 Union 运算符功能，并具有更完善的错误跟踪功能。

1.2　Python 语言的特点

Python 语言是一种被广泛使用的高级通用脚本编程语言，具有很多区别于其他语言的特点，这里仅列出如下一些重要特点。

（1）简单易学。Python 学习入门很容易，即使没有编程基础的人，也可以在短时间内掌握 Python 的核心内容，写出不错的程序。Python 的语句和自然语言很接近，因此十分适合作为教学语言。一个没有编程经历的人也可以比较容易地阅读 Python 程序。学习编程语言有一个惯例，即首先运行最简单的 Hello 程序，该程序功能是在屏幕上打印输出"Hello World"。这个程序虽小，但却是初学者接触编程语言的第一步。使用 Python 语言编写的 Hello 程序只有一行代码，具体如下：

```
print（"Hello World"）
```

由此例可见，程序的易读性和简洁性是 Python 语言的第一大优点。

（2）跨平台性。软件的跨平台性又称为可移植性。Python 具有良好的跨平台性是指 Python 编写的程序可以在不进行任何改动的情况下，在所有主流的计算机操作系统上运行。换句话说，在 Linux 系统下开发的一个 Python 程序，如果需要在 Windows 系统下执行，只要简单地把代码复制过来，不需要做任何改动，在安装了 Python 解释器的 Windows 计算机上就可以很流畅地运行。跨平台性正是各种平台的用户都喜欢 Python 的重要原因之一。

（3）强大的标准库和第三方软件的支持。Python 中内置了大约 200 个标准功能模块，每一个模块中都自带了强大的标准操作，用户只要了解功能模块的使用语法，就可以将模块导入自己的程序中，使用其标准化的功能实现积木式任务开发，极大地提高程序设计的效率。导入模块的本质是加载一个别人设计的 Python 程序，并执行那个程序的部分或全部功能。除了 Python 标准库模块外，还有大量第三方提供的功能模块，如 Pyinstaller、NumPy、SciPy、Pandas、Matplotlib 等，它们应用广泛且是免费的，并且极大地丰富和增强了 Python 的功能。

（4）面向对象的脚本语言。脚本（Script）语言是与编译（Compile）语言不同的一种语言。脚本程序的执行需要解释器，且具有边解释边执行的特点；编译语言编写的程序需要把全部语句编译通过后才能执行，典型的编译语言有 C 和 C++。与编译语言相比，脚本语言的语法通常比较简单，但是语法简单不等同于只能用于完成简单任务。相反，Python 的简单和灵活使得很多领域的复杂任务开发变得十分容易。在本书中，我们也经常将 Python 称为脚本。同时，Python 也是一种面向对象程序设计语言，它具有完整的面向对象程序设计的特征，如 Python 的类对象支持多态、操作符重载和多重继承等面向对象的特征，因此 Python 实现面向对象程序设计十分方便。与 C++、Java 等相比，Python 甚至是更理想的面向对象程序设计语言。

（5）通用灵活。Python 语言是一个通用编程语言，可用于编写各领域的应用程序，这为该语言提供了广阔的应用空间。几乎各类应用，从科学计算、数据处理到人工智能、机器人，Python 语言都能够发挥重要作用。

（6）强制可读。Python 语言通过强制缩进（类似文字段落的首行缩进）来体现语句间的逻辑关系，显著提高了程序的可读性，从而加强了 Python 程序的可维护性。

1.3　Python 语言的开发环境配置

1.3.1　Python 的安装

作为一种开源语言，Python 的使用和发布都是免费的，用户可以访问 Python 的官方网站下载网页（http://www.python.org/download）来获取最新版本的 Python 安装程序。需要注意的是，不同操作系统平台的安装版本不同，要根据相应的平台选择不同的版本进行下载。在常见的操作系统上，如 Windows、Linux 和 Macintosh（Mac），都可以顺利地安装 Python 的解释器。通常 Linux、UNIX 和 Mac 系统中都包含了 Python 的不同版本，因此不需要单独安装。安装 Python 之前先查看一下自己系统中是否已经安装了 Python 解释器，Linux 和 UNIX 系统中 Python 一般安装在/usr 路径下。Windows 系统的用户需要自行安装 Python，安装成功后可以通过执行"开始"→"所有程序"命令看到 Python。下面详细介绍在 Windows 操作系统中安装 Python 的具体步骤。

（1）在 Python 官方网站上下载能够在 Windows 下运行的 Python 的.exe 安装程序。安装程序又分为适用于 32 位系统的 Download Windows installer（32.bit）和适用于 64 位系统的 Download Windows installer（64.bit）两个版本，可需要根据自己操作系统的位数进行正确选择，否则 Python 将无法正常运行。其次要注意的是，Python 3.9 及以后的版本不能在 Windows 7 及更早的 Windows 版本上运行。

（2）图 1.1 所示是运行 Python 3.10 安装程序的界面，勾选 Install launcher for all users(recommended)和 Add Python 3.10 to PATH 复选框，单击 Install Now 选项，默认安装即可。Python 解释器的本机默认安装路径为 C:\Users\86150\ AppData\Local\Programs\Python\Python38（不同主机有所不同）。若需要更改安装路径，则单击图 1.1 中 Customize installation 选项，在弹出的如图 1.2 所示的界面中定制安装内容，然后单击图 1.2 中的 Next 按钮，再单击图 1.3 中的 Browse 按钮选择安装路径。

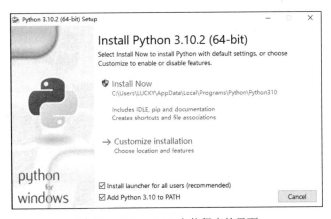

图 1.1　Python 3.10 安装程序的界面

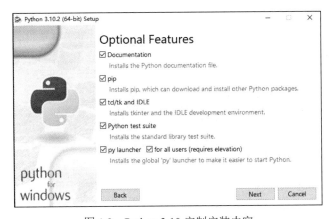

图 1.2　Python 3.10 定制安装内容

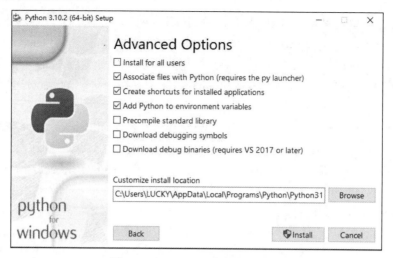

图 1.3   Python 3.10 定制安装路径

定制安装内容界面中默认的安装项有 Python 解释器、标准库和说明文档等内容。读者可以通过单击每一项左侧的☑图标来改变默认设置，增减安装内容。安装过程中根据向导一步步地进行即可。安装成功后，从"开始"菜单就能看到已经安装的 Python。

（3）IDLE 为 Python 自带的图形界面集成开发环境，用于 Python 程序的设计和调试。在"开始"菜单中找到并打开 IDLE，界面如图 1.4 所示。进入该交互环境后，提示符为>>>，在该提示符后可以输入 Python 的表达式或语句。Python 的交互环境主要用于简单程序的交互执行和代码的验证与测试。输入一条语句或表达式后立即执行，并在下一行显示结果（如果有输出结果的话），如图 1.5 所示。

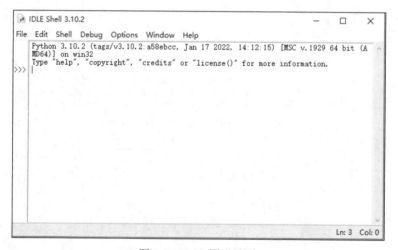

图 1.4   IDLE 图形界面

1.3.2   PyCharm 的安装

PyCharm 是 JetBrains 家族中的一个明星产品，JetBrains 开发了许多好用的编辑器，包括 Java 编辑器（IntelliJ IDEA）、JavaScript 编辑器（WebStorm）、PHP 编辑器（PHPStorm）、Ruby 编辑器（RubyMine）、C 和 C++编辑器（CLion）、.NET 编辑器（Rider）、iOS/macOS 编辑器（AppCode）

等。PyCharm 官网（https://www.jetbrains.com/pycharm/download/#section=windows）提供了两个版本的 PyCharm 软件，一个版本是 Professional（专业版），这个版本功能强大，是需要付费的，主要使用者为 Python 和 Web 开发者；另一个版本是 Community（社区版），该版本的主要使用者为 Python 学习者和数据专家。一般来说，专业开发应下载专业版，社区版适合学习之用。PyCharm 可以跨平台，在 Mac 和 Windows 环境都可以使用，是 Python 最好用的编辑器之一。

```
IDLE Shell 3.10.2                                    —    □    ×
File  Edit  Shell  Debug  Options  Window  Help
Python 3.10.2 (tags/v3.10.2:a58ebcc, Jan 17 2022, 14:12:15) [MSC v.1929 64 bit (A
MD64)] on win32
Type "help", "copyright", "credits" or "license()" for more information.
>>> print("Hello World")
Hello World
>>> |
                                                              Ln: 5  Col: 0
```

图 1.5　Python 的交互环境

下面介绍 PyCharm 的具体安装过程（本书使用的是 Community 版本）。请安装者根据计算机的操作系统位数（64 位或 32 位）来选择对应的 PyCharm 版本，然后到 PyCharm 官网（https://www.jetbrains.com）下载相应的安装包。

1. 下载 PyCharm 安装包

（1）进入 PyCharm 官网，单击 Tools 选项，如图 1.6 所示。

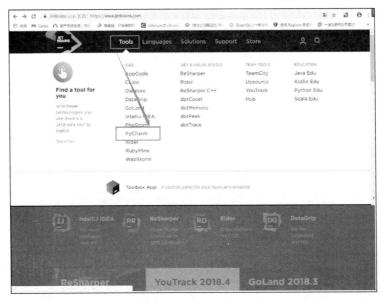

图 1.6　PyCharm 官网

（2）单击 PyCharm 选项，进入安装包下载页面，如图 1.7 所示。

图 1.7　安装包下载页面

（3）单击 Download Now 按钮，根据自己需要下载匹配操作系统的安装包，如图 1.8 所示。

图 1.8　选择合适的安装版本

（4）等待安装包下载完成，运行安装软件即可，如图 1.9 所示。

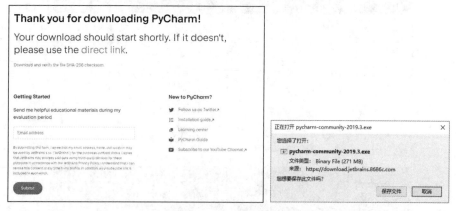

图 1.9　下载安装软件

2. 安装 PyCharm

（1）定位下载的 PyCharm 安装文件，如图 1.10 所示。

图 1.10　定位 PyCharm 安装文件

（2）双击已下载的 PyCharm 安装文件，将出现如图 1.11 所示的界面，单击 Next 按钮，弹出如图 1.12 所示的设置安装路径界面。

图 1.11　PyCharm 安装界面

（3）在图 1.12 中选择安装路径。PyCharm 需要的内存较大，建议将其安装在 D 盘或者 E 盘，不要安装在系统盘（C 盘）。

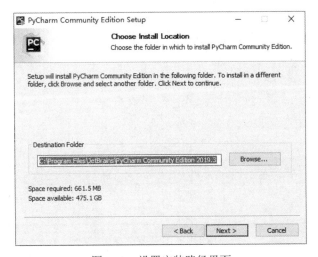

图 1.12　设置安装路径界面

（4）单击 Next 按钮，进入图 1.13 所示的安装设置界面。界面中各项设置含义如下。

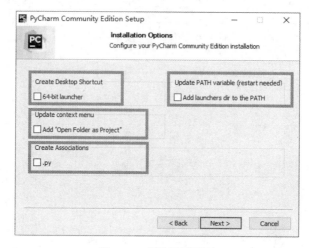

图 1.13　安装设置界面

1）Create Desktop Shortcut（创建桌面快捷方式）：本书以 64 位系统为例，所以选择 64-bit launcher 复选框。

2）Update PATH variable(restart needed)［更新环境变量（需要重新启动计算机）］：若想将启动器目录添加到路径中，则选择 Add launchers dir to the PATH 复选框。

3）Update context menu（更新上下文菜单）：若想添加打开文件夹作为项目则选择 Add "Open Folder as Project"复选框。

4）Create Associations（创建关联）：关联.py 文件，即双击文件时以 PyCharm 形式打开文件。

（5）单击 Next 按钮，进入图 1.14 所示的安装界面。单击 Install 按钮，默认安装即可。

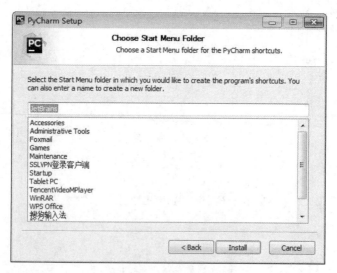

图 1.14　默认安装界面

（6）耐心等待，安装进程的界面如图 1.15 所示。

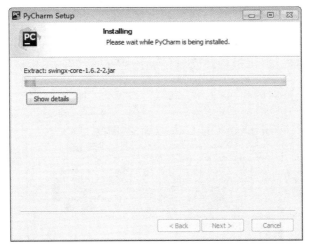

图 1.15　安装进程界面

（7）安装完成的界面如图 1.16 所示。单击 Finish 按钮完成 PyCharm 安装，接下来对 PyCharm 进行配置。双击桌面上的 PyCharm 图标，弹出导入 PyCharm 设置对话框，如图 1.17 所示。

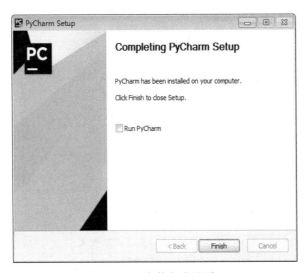

图 1.16　安装完成界面

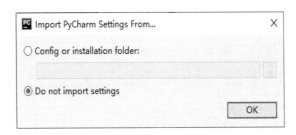

图 1.17　导入 PyCharm 设置对话框

在导入 PyCharm 设置对话框中，选择 Do not import settings 单选按钮，然后单击 OK 按钮。

（8）弹出的如图 1.18 所示的用户确认对话框，阅读界面显示内容。

（9）同意并确认相关内容后，勾选 I confirm that I have read and accept the terms of this User Agreement 复选框，如图 1.19 所示，然后单击 Continue 按钮。

（a）

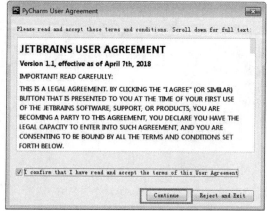

（b）

图 1.18　用户确认对话框

（10）在弹出的数据分享界面中进行相应的选择，如图 1.19 所示。此界面相当于一个问卷调查，用户可自行决定是否将信息发送给 JetBrains，以便提升产品质量。

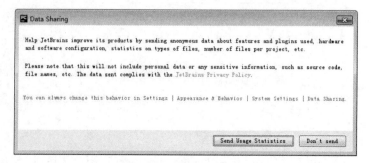

图 1.19　数据分享界面

（11）在图 1.19 中单击相应按钮，进入如图 1.20 所示的主题选择界面。默认选择 Darcula 主题，也可以选择 Light 主题，如图 1.20 所示。

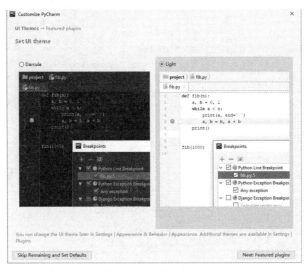

图 1.20　主题选择界面

（12）至此，社区版 PyCharm 安装完成。专业版 PyCharm 的安装需要购买并进行激活。

1.3.3　编写 Python 程序

执行"开始"菜单中的相应命令或者用桌面快捷方式打开 PyCharm 软件，然后进行下述操作。

（1）创建 Python 工程。执行 File→New Project 命令，在弹出的界面中输入工程名，选择 Python 解释器版本，单击 Create 按钮创建工程，如图 1.21 所示。

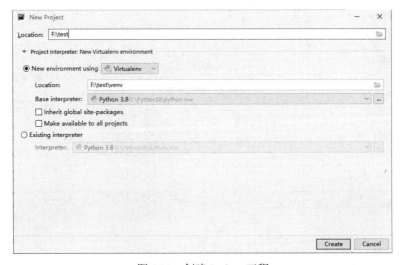

图 1.21　创建 Python 工程

（2）添加 Python 文件。右击工程名称，在弹出的快捷菜单中选择 New→Python File 命令，如图 1.22 所示，在弹出的界面中输入文件名即可添加 Python 文件。

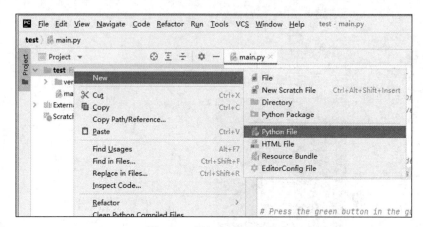

图 1.22　添加 Python 文件

（3）编写程序并保存，代码如下。

```
print('Hello World!')
```

（4）右击创建的文件 main.py，在弹出的快捷菜单的选择 Run 'main'命令运行程序，如图 1.23 所示。

图 1.23　运行程序

（5）程序运行后的效果如图 1.24 所示。

图 1.24　程序运行后的效果

1.4　程序的基本编写方法

每个计算机程序都是用来解决特定计算问题的，较大规模的程序提供丰富的功能解决完整的计算问题，例如控制航天飞机运行的程序、操作系统等。小型程序或程序片段可以为其他程序提供特定计算支持，作为解决更大计算问题的组成部分。无论程序规模如何，每个程序都有统一的运算模式：输入数据、处理数据和输出数据。这种朴素运算模式形成了基本的程序编写方法——IPO（Input，Process，Output）方法。

（1）输入（Input）是一个程序的开始。程序要处理的数据有多种来源，因此形成了多种输入方式，包括文件输入、网络输入、控制台输入、交互界面输入、随机数据输入、内部参数输入等。

1）文件输入：将文件作为程序输入来源。程序在获得文件控制权后，需要根据文件格式解析内部具体数据。例如，统计 Excel 文件数据的数量需要首先获得 Excel 文件的控制权，打开文件后根据 Excel 中数据存储方式获得所需处理的数据，进而开展计算。

2）网络输入：将互联网上的数据作为输入来源。使用网络数据需要明确网络协议和特定的网络接口。例如，捕获并处理互联网上的数据，需要使用 HTTP 协议并解析 HTML 格式。

3）控制台输入：将程序使用者输入的信息作为输入来源。当程序与用户间存在交互时，程序需要有明确的用户提示，辅助用户正确输入数据。从程序语法来说，这种提示不是必须的，但良好的提示设计有助于提高用户体验。

4）交互界面输入：通过提供一个图形交互界面从用户处获得输入来源。此时，鼠标移动或单/双击操作、文本框内的键盘操作等都可为程序提供输入的方式。

5）随机数据输入：将随机数作为输入来源。这需要使用特定的随机数生成器程序或调用相关函数。

6）内部参数输入：以程序内部定义的初始化变量作为输入来源。尽管程序看似没有从外部获得输入，但程序执行之前的初始化过程为程序赋予了执行所需的数据。

（2）处理（Process）是程序对输入数据进行计算产生输出结果的过程。计算问题的处理方法统称为"算法"，它是程序最重要的组成部分。可以说，算法是一个程序的灵魂。

（3）输出（Output）是程序展示运算成果的方式。程序的输出方式包括控制台输出、图形输出、文件输出、网络输出、操作系统内部变量输出等。

1）控制台输出：以计算机屏幕为输出目标，通过程序运行环境中的命令行打印输出结果。这里"控制台"可以理解为启动程序的环境，例如 Windows 中的命令行工具、IDLE 工具等。

2）图形输出：在计算机中启动独立的图形输出窗口，根据指令绘制运算结果。

3）文件输出：以生成新的文件或修改已有文件的方式输出运行结果，这是程序常用的输出方式。

4）网络输出：以访问网络接口方式输出数据。

5）操作系统内部变量输出：指程序将运行结果输出到系统内部变量中，这类变量包括管道、线程、信号量等。

IPO 不仅是程序设计的基本方法，也是描述计算问题的方式。

1.5　Python 程序实例

Hello World 程序只有一行代码，实在太小，难以加深对 Python 程序的理解。本节给出 3 个 Python 小程序，供读者在 IDLE 环境下练习。请读者暂时忽略这些实例中程序的具体语法含义，在 IDLE 环境中编写并运行这些程序，确保可以输出正确的结果并尝试理解它们。

例 1.1　圆面积的计算。根据圆的半径计算圆的面积，参考代码如下：

```python
r=eval(input("请输入所求圆的半径："))
s=3.1415*r*r
print(s)
print("{:.2f}".format(s))
```

例 1.2　同切圆的绘制。绘制 4 个不同半径的同切圆，参考代码如下：

```python
import turtle
turtle.pensize(3)
turtle.circle(20)
turtle.circle(40)
turtle.circle(80)
turtle.circle(160)
```

例 1.3　整数累加计算。计算正整数 1 到 N 的算术和，参考代码如下：

```python
N=eval(input("请输入正整数N的值："))
i=0
S=0
while(i<=N):
    S=S+i
    i=i+1
print("所求的累加和为：",S)
```

1.6　本章小结

本章主要介绍了现在流行的 Python 编程语言的特点，讲解了 Python、PyCharm 开发环境的配置，介绍了如何在 PyCharm 中创建项目，介绍了程序设计基本方法，并学习了一些简单的 Python 实例，为后续的边学边做打下了基础。

1.7　习题

一、选择题

1. 下列关于 Python 语言的描述中不正确的是（　　）。
   A．Python 是一种只面向过程的语言
   B．Python 是一种面向对象的高级语言

C．Python 可以在多种平台上运行

D．Python 具有可移植的特性

2．下列关于 Python 的描述中不正确的是（　　）。

A．Python 可以应用于 Web 开发、科学计算、操作系统管理等多种领域

B．Python 是免费开源的

C．Python 既支持面向过程编程，也支持面向对象编程

D．Python 3.x 版本的代码完全兼容 Python 2.x 版本

二、简答题

1．作为脚本语言，Python 与 C++等编译语言的主要区别是什么？Python 语言的突出特点是什么？

2．简述 Python 语言程序的开发流程。

第 2 章 Python 数据类型

在编程时，对于数据类型的处理是一项非常基础也非常重要的工作，无论是进行数据计算，还是进行数据转换，基本类型的数据都是随处可见的。本章首先介绍 Python 中常用的数据类型，然后介绍使用数据类型定义变量的方法及其特点，最后介绍数据类型的相关运算。

2.1 数据类型介绍

在使用编程语言编程时，数据类型描绘了使用数据的所属类别，它可以告诉计算机如何使用这些数据。例如字符串"123"与数字 123 都使用三个相同的阿拉伯数字符号来表示，但是计算机在使用数字 123 时可以执行加减乘除算术操作，而对于字符串"123"则不能执行常规的算术操作。计算机可以通过数据类型判断所使用数据应该执行的操作。

在 Python 中，每个数据都隶属于一种具体的数据类型，但不需要声明这些数据的类型，Python 可以根据数据形式的特点分析出其所属类型，并在内部对其进行跟踪，以执行合适的操作。例如对于数字符号 123，如果给这些数字加上引号，Python 解释器会将它们当作字符串类型；如果没有引号，Python 解释器会将它们当作整数类型。

除了字符串和整数类型之外，在 Python 中还内置了多种数据类型，这些内置数据类型其实指的就是基本数据类型。表 2.1 给出了 Python 中常见的比较重要的数据类型。

表 2.1　Python 中常见的数据类型

数据类型	举例
整型（int）	123、24
浮点型（float）	1.414、3.14
复数（complex）	3+4j、1.2+3.0j
布尔型（bool）	True、False
字符串（str）	"123"、'abc'
列表（list）	[1,2,3,4]
字典（dict）	{1：'a',2：'b'}
集合（set）	{'a', 'b', 'c'}
元组（tuple）	（1,2,3,4）
其他类型	函数、模块、类、文件

通常将表 2.1 中所列的类型称为基本数据类型，因为它们是在 Python 语言内部高效创建的，也就是说，有一些特定的语法可以生成它们。例如，运行下面的代码：

```
>>> 'abc'
```

这里符号>>>是 shell 提示符，表示解释器希望用户在 shell 中输入一些 Python 代码。

本书后续代码中，有无此符号均有效。从技术上来说，上述代码运行的是一个常量表达式，这个表达式生成并返回一个新的字符串对象。这里使用引号的常量表达式告诉 Python 生成字符串对象。类似地，使用方括号的表达式会生成一个列表对象，使用小括号的表达式会建立一个元组对象。也就是说，运行的常量表达式的语法形式决定了创建和使用的数据对象的类型。事实上，在 Python 语言中，这些对象生成表达式就是数据类型的起源。Python 中提供的内置函数 type() 可以用于查看对象的类型，代码如下：

```
>>>type(123)
<class 'int'>
>>>type('123')
<class 'str'>
```

在 Python 中，一切数据均是对象，因此存在着函数（function）、模块（module）、类（class）、方法（method）、文件（file）等对象类型，本书的后续章节会对这些类型进行详细讨论。另外，2.3 节中会对简单数据类型（整型、浮点型、布尔型和复数类型）进行详细介绍，而对于列表、字典、集合和元组等复杂的数据类型会在本书后续章节进行详细介绍。

需要注意的是，数据类型在 Python 语言中发挥着重要的作用。其实几乎在所有的编程语言中都需要定义数据类型。程序员在编写程序时，必须正确引用和使用数据类型，才能确保程序正确运行并获得正确的结果。在详细介绍数据类型之前，我们先来了解 Python 中的变量。

2.2　变量和赋值

变量提供了一种将名称和对象进行关联的方法。Python 中可以将变量指定为不同的数据类型，这主要取决于对象的类型。如以下代码语句：

```
num_one=10
num_two=11
result=num_two+num_one
num_two=14
```

在上述这段代码中，Python 首先会将 10 和 11 这两个数字解释为不同的整型（int）对象；然后将变量名 num_one 和 num_two 分别关联到这两个不同的整型（int）对象；最后将变量名 result 关联到前两个变量相加得到的第三个整型对象。图 2.1（a）给出了这一过程的描述。

当上述程序执行 num_two=14 这条语句后，变量名 num_two 被赋值到不同的整型对象，如图 2.1（b）所示。

图 2.1 给出变量名与内存对象之间的关联方式，当执行 num_one=10 后，Python 解释器会向系统申请内存空间用于存储数字 10，申请的内存空间所在位置是随机的，该位置可以是内存中没有使用的空间，这主要取决于操作系统。如执行 num_two=11 语句后，数字 11 所在的位置就被随机分配到了 num_one 下面的第 2 个单元格 [图 2.1（a）]，中间空单元格说明该内存空间并没有被使用，为空闲内存空间，可以被系统申请使用。

在 Python 语言中，变量其实仅仅是一个名字，用它可以指明所操作的数据对象。赋值语句可以将变量名与数据对象相关联，具体来说，赋值语句使用等号（=）符号，变量名位于等号的左面，等号的右面是能表示为对象的表达式。另外，一个数据对象可以有多个、一个或没有变量名与之相关联。

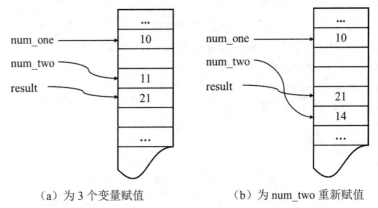

（a）为 3 个变量赋值　　　　（b）为 num_two 重新赋值

图 2.1　变量名与内存对象关联方式示意图

在 Python 中，变量名由大小写字母、数字和下划线组成，其命名需要遵守一定的规则，具体如下：

（1）变量名由字母、下划线和数字组成，且不能以数字开头。例如：

```
Abc123       #合法变量名
abc$123      #不合法变量名，变量名不能包含$符号
123abc       #不合法变量名，变量名不能以数字开头
```

（2）变量名区分字母大小写。例如，变量 area 和 Area 表示两个不同的变量。

（3）变量名不能使用 Python 中保留的关键字。在 Python 中，关键字具有一些特殊的功能，供 Python 语言自己使用，不允许开发者定义与关键字相同名字的标识符。Python 中的关键字如下：

False	class	from	or
None	continue	global	pass
True	def	if	raise
and	del	import	return
as	elif	in	try
assert	else	is	while
async	except	lambda	with
await	finally	nonlocal	yield
break	for	not	

尽管编程语言允许使用任意合法的变量名关联对象，但是使用无意义的变量名并不是好的编程风格，因为在编写完成复杂任务的程序时，往往需要管理一个庞大的工程，而不是编写短短的几行代码，这就需要程序员之间分工合作，一个优秀的程序员要尽可能地使其他程序员花费尽可能短的时间读懂自己所写的程序。因此，程序的可读性变得十分重要，选择有意义的变量名可以增强程序的可读性。考虑以下两段代码片段（为方便理解，分成左右两部分）：

```
a=3.14               pi=3.14
b=11.2               diameter=11.2
c=a*(b**2)           area=pi*(diameter**2)
```

对于计算机来说，这两段代码除了定义的变量名不同之外，没有其他不同，即它们做了相同的事情。然而，对于一个有经验的程序员来说，它们是完全"不同"的。如果我们只读左

边的程序片段，并不会发现该程序片段有什么不对的地方。但是，当我们浏览右边的代码片段时，可以发现该段程序的主要功能是计算圆的面积，那么这里的变量名 diameter 应该被命名为圆的半径（radius）而不是直径（diameter）。

此外，根据 Python 之父 Guido 推荐的规范形式，在为 Python 中的变量命名时，建议对类名使用大写字母开头的单词（如 Student），模块名使用小写字母加下划线的方式（如 good_student）。

还有一种增强代码可读性的方式是为代码添加注释。符号（#）可以用于添加文本注释，Python 会跳过#后面的文本。代码如下：

```
#交换 a、b 两个变量的值
tmp=a
a=b
b=tmp
```

Python 允许使用一条语句对多个变量赋值。代码如下：

```
x,y= 12, '23'
```

上述代码将数值 12 关联到变量 x，将字符串'23'关联到变量 y。这里需要注意的是，等号左边的变量名与等号右边的表达式之间要求一一对应，并且在与变量关联之前需要对所有表达式求值，转换为唯一对象形式。

2.3　简单数据类型

计算机对数据的识别和处理有两个基本要求：确定性和高效性。

确定性指程序能够正确且无歧义地解读数据所代表的类型含义。例如，输入 1010，计算机需要明确地知道这个输入是可以用来进行数学计算的数字 1010，还是类似房间门牌号一样的字符串"1010"，这两者用处不同、操作不同且在计算机内部存储方式不同。即便 1010 是数字，还需要进一步明确这个数字是十进制、二进制还是其他进制类型。

高效性指程序能够为数据运算提供较高的计算速度，同时有较少的存储空间代价。整数和带有小数的数字分别对应于计算机中央处理器中不同的硬件逻辑运算，对于相同类型操作，如整数加法和小数加法，前者比后者的速度一般快 5~20 倍。为了尽可能提高运行速度，需要区分不同运行速度的不同数字类型。

简单数据类型中包括数字类型和布尔型，其中数字类型是表示数字或数值的数据类型，数字是自然界计数活动的抽象，更是数学运算和推理表示的基础。Python 语言提供 3 种数字类型：整型、浮点型和复数类型，分别对应数学中的整数、实数和复数。

2.3.1　整型

整数类型（int）简称整型，它用于表示整数，例如 100、2016 等。整型除了可以用于表示十进制数之外，还可以表示二进制数（以"0B"或"0b"开头）、八进制数（以"0O"或"0o"开头）和十六进制数（以"0X"或"0x"开头）。Python 整型可以表达任意大小的正整数和负整数。下面给出了整型的示例代码（为方便讲解，每行代码前给出标号用于标识代码行号）：

```
1    >>> a=0b101010
2    >>> type(a)
```

```
3    <class 'int'>
4    >>> a
5    42
```

上述代码中，第 1 行代码将一个二进制整数赋值给变量 a，第 2 行代码使用 type()函数查看变量 a 的类型，第 3 行代码为 type()函数返回的结果，给出了变量 a 为整数类型，第 4 行代码直接输出 a 的值，结果是十进制的 42（第 5 行）。

如果想将十进制数转换为二进制、八进制或者十六进制数，可以使用指定的函数来完成，相应代码如下：

```
>>>bin(42)
'0b101010'
>>>oct(42)
'0o52'
>>>hex(42)
'0x2a'
```

2.3.2　浮点型

浮点型（float）用于表示实数。例如 3.14、2.71 都属于浮点型。浮点型与整型之间可以相互转化，只不过在转化的过程中需要借助一些函数，如以下代码：

```
>>> a=1.2
>>> type(a)              #查看变量 a 的数据类型
<class 'float'>
>>> int(a)              #使用 int()函数将浮点型变量 a 转化为整型
1
>>> b=2
>>> float(b)            #使用 float()函数将整型变量 b 转化为浮点型
2.0
```

另外，浮点型变量可以使用科学计数法表示。Python 中的科学计数法表示语法如下：

```
<实数>E 或者 e<整数>
```

其中，E 或者 e 表示基数为 10，其后面的整数表示指数，指数可以是正整数也可以是负整数。例如 1.34E3 表示的是 1.34×10^3，2.71E.3 表示的是 2.71×10^{-3}。

这里需要注意的是，Python 的浮点数遵循的是 IEEE754 双精度标准，每个浮点数占 8 个字节，能表示的数的范围是.1.78E308～1.79E+308。参考如下代码：

```
>>>1.34e5        #浮点数为 1.34×10⁵
134000.0
>>>.1.8e308      #浮点数为 1.8×10³⁰⁸，超出了可以表示的范围
.inf
>>>1.8e308       #浮点数为 1.8×10³⁰⁸，超出了可以表示的范围
.inf
```

2.3.3　复数类型

复数类型用于表示数学中的复数，例如 5+3j 和 13-2j 都是复数类型。Python 中的复数类型具有以下两个特点：

（1）复数由实数和虚数两部分构成，其中虚数部分使用 j 或 J 作为后缀。

（2）复数的实数部分和虚数部分都是浮点型。

下面给出了复数类型的代码示例：

```
>>>a = 1+2j                 #定义复数类型变量 a
>>> a
(1+2j)
>>> a.real                  #实数部分
1.0
>>> type(a.real)
<class 'float'>
>>> a.imag                  #虚数部分
2.0
>>> type(a.imag)
<class 'float'>
```

2.3.4　布尔型

布尔型数只有两个取值：True 或 False。它们是 Python 中的特殊关键字常量。代码举例如下：

```
>>> a = True               #将布尔常量 True 赋值给变量 a
>>> type(a)                #查看变量 a 的类型
<class 'bool'>
>>>int(a)                  #将布尔型变量 a 强制转化为整型
1
>>> bool(0)                #将整型数字 0 强制转化为布尔型
False
```

其实，每一个 Python 中的基本数据类型对象都可以转化为布尔值（True 或 False），进而可以用于布尔测试（如 if、while 语句）。以下对象的布尔值均为 False。

（1）None（空类型）。

（2）0（整型 0）。

（3）0.0（浮点型 0）。

（4）0.0+0.0j（复数 0）。

（5）""（空字符串）。

（6）[]（空列表）。

（7）()（空元组）。

（8）{}（空字典）。

除了上述对象之外，其他基本类型对象的布尔值都为 True。

2.4　运算符

2.4.1　算术运算符

Python 语言可以作为一个简单的计算器来使用，即可以进行简单的算术运算。Python 中的算术运算及相应的算术运算符如下：

（1）加法运算，使用加号（+）运算符。

（2）减法运算，使用减号（−）运算符。

（3）乘法运算，使用星号（*）运算符。

（4）除法运算，使用斜线（/）运算符，运算结果将保留相应精度的小数部分。

（5）整除运算，使用双斜线（//）运算符，运算结果返回商的整数部分，即向下取整。

（6）取模运算，也称为取余运算，使用百分号（%）运算符，保留整除后的部分，可能是整数或浮点数。

（7）幂运算，使用两个连续星号（**）运算符。如 3**2=9，表示 3 的 2 次幂为 9。

下面为算术运算符的代码示例：

```
>>> 11+2            #加法运算
13
>>> 11−2.0          #减法运算
9.0
>>>(2+1j) * 3       #乘法运算
6+3j
>>> 11/3            #除法运算
3.6666666666666665
>>> 11//3           #整除运算
3
>>> 11 % 3          #取模运算
2
>>> 2 ** 3          #幂运算
8
```

2.4.2 逻辑运算符

逻辑运算符主要用于处理布尔型数据，其结果只包括两个可能的值，即布尔常量 True 和 False。常见的逻辑运算符如下：

（1）"与"运算，使用 and 运算符，如 x and y，表示当 x 的布尔值为 False 时，运算结果返回 x，否则返回 y。

（2）"或"运算，使用 or 运算符，如 x or y，表示当 x 的布尔值为 True 时，运算结果返回 x，否则返回 y。

（3）"取反"运算，使用 not 运算符，如 not x，表示当 x 的布尔值为 True 时，运算结果返回 False，否则返回 True。

下面为逻辑运算符的代码示例：

```
>>> 10 and 20
20
>>> 0 or 10
10
>>> not 0
True
```

2.4.3　比较运算符

比较运算符可以用于比较数据的大小，其返回结果只能是 True 或 False。在 Python 中可以使用的比较运算符如下：

（1）==运算符，如 m==n，用于判断 m 和 n 是否相等。

（2）!=运算符，如 m!=n，用于判断 m 和 n 是否不等。

（3）<运算符，如 m<n，用于判断 m 是否小于 n。

（4）>运算符，如 m>n，用于判断 m 是否大于 n。

（5）<=运算符，如 m<=n，用于判断 m 是否小于或等于 n。

（6）>=运算符，如 m>=n，用于判断 m 是否大于或等于 n。

下面给出了比较运算符的代码示例：

```
>>>3==3
True
>>> 3!=1
True
>>> 3>7
False
>>> 3<2
False
>>> 3<=3.0
True
>>> 3>=True
False
```

2.4.4　成员运算符

除了上述运算符之外，Python 还支持成员运算符。Python 中的成员运算符用于判断指定序列中是否包含某个值：如果包含，返回 True；否则返回 False。Python 中的两个成员运算符为 in 和 not in。

（1）in 运算符，如 x in y，表示如果在指定的序列 y 中可以找到 x 的值则返回 True，否则返回 False。

（2）not in 运算符，如 x not in y，表示如果在指定的序列 y 中找不到 x 的值则返回 True，否则返回 False。

下面给出了成员运算符的代码示例：

```
>>> 8 in [1,2,3,4,5]        #查看 8 是否在列表序列[1,2,3,4,5]中
False
>>> 3 not in ['a','b','c']    #查看 3 是否不在列表序列['a','b','c']中
True
```

2.4.5　位运算符

前面讲到的运算符所处理的单元是由字节（byte）组成的具有基本数据类型结构的数据，在某些情况下，程序员需要执行位（bit）操作。1 个字节是由 8 位组成的，程序中的所有数在计算机内存中都是以位的形式来存储的，每一位只能有两种取值（1 或 0）。位运算其实就是直

接对整数在内存中的二进制数进行操作，实例如下：

- 14 = 0b1110
  $=1\times2^3+1\times2^2+1\times2^1+0\times2^0$
  $=14$

- 20 = 0b10100
  $=1\times2^4+0\times2^3+1\times2^2+0\times2^1+0\times2^0$
  $=20$

进行"按位与"运算"14&20"的结果是 4，这就是二进制对应位进行按位与运算的结果。Python 中有多种不同的位操作运算，一些常见的位运算符如下：

（1）按位取反，使用"~"运算符。该运算符是一元运算符，就是将二进制位的每一位进行取反，0 取反为 1，1 取反为 0。如 5 的二进制数为 101，那么~5 对应的二进制数为 010，即为十进制数 2。

（2）按位与，使用"&"运算符。该运算符是指参与运算的两个数各对应的二进制位进行"与"运算，当对应的两个二进制位都是 1 时，结果位为 1，否则结果位为 0。如 5 的二进制数为 101，3 的二进制数为 011，那么 5&3 的二进制数为 001，即为十进制数 1。

（3）按位或，使用"|"运算符。该运算符是指参与运算的两个数各对应的二进制位进行"或"运算，只要对应的二进制位有一个为 1，结果位就为 1。如 5 的二进制数为 101，3 的二进制数为 011，那么 5|3 的二进制数为 111，即十进制数 7。

（4）按位异或，使用"^"运算符。该运算符是将参与运算的两个数各对应的二进制位进行比较，如果一个位为 1，另一个位为 0，则结果为 1，否则结果为 0。如 5 的二进制数为 101，3 的二进制数为 011，那么 5^3 的二进制数为 110，即十进制数 6。

（5）按位左移，使用"<<"运算符。该运算符是将二进制位全部左移 n 位，高位丢弃，低位补 0。如 x<<n 表示将 x 的所有二进制位向左移动 n 位，移出的位删除，移进的位补 0。以十进制数 9 为例，它对应的二进制数是 00001001，那么 9<<4 的结果为 10010000，对应的十进制数为 144。

（6）按位右移，使用">>"运算符。该运算符是将二进制位全部右移 n 位，移出的位丢弃，左边移出的空位补 0 或者符号位。以十进制数 8 为例，它对应的二进制数是 00001000，那么 8>>2 的结果为 00000010，对应的十进制数为 2。

2.4.6　复合赋值运算符

复合赋值运算符可以看作将算术运算和赋值运算进行合并的一种运算符。它是一种缩写的形式，在改变变量的时候显得更为简单。表 2.2 给出了复合赋值运算符及其描述。

表 2.2　复合赋值运算符及其描述

运算符	描述	实例
+=	加法赋值运算符	c+=a 等效于 c=c+a
-=	减法赋值运算符	c-=a 等效于 c=c-a
*=	乘法赋值运算符	c*=a 等效于 c=c*a
/=	除法赋值运算符	c/=a 等效于 c=c/a

运算符	描述	实例
%=	取模赋值运算符	c%=a 等效于 c=c%a
**=	幂赋值运算符	c**=a 等效于 c=c**a
//=	取整除赋值运算符	c//=a 等效于 c=c//a

表 2.2 只列出了部分复合赋值运算符，其实 Python 中的所有二元运算符只要满足一定形式都可以简写为复合赋值运算符。以下代码给出了复合运算符的使用示例。

```
>>> a=10
>>> b=3
>>> a+=b              #相当于 a=a+b
>>> a
13
>>> b*=b+2            #相当于 b=b*（b+2）
>>> b
15
```

2.4.7 运算符优先级

Python 支持多种运算符，表 2.3 按照优先级从高到低的顺序列出了所有的运算符。运算符的优先级指的是当多个运算符同时出现时的运算执行顺序。除了之前已经讲过的运算符，后续章节还会陆续介绍其他运算符的使用。

表 2.3 运算符的优先级

运算符	描述
[]、[：]	下标、切片
**	指数
~、+、-	按位取反、正号、负号
*、/、%、//	乘、除、取模、整除
+、-	加、减
>>、<<	右移、左移
&	按位与
^、|	按位异或、按位或
<=、<、>、>=	小于等于、小于、大于、大于等于
==、!=	等于、不等于
is、is not	身份运算符
in、not in	成员运算符
not、or、and	逻辑运算符
=、+=、-=、*=、/=、%=、//=、**=、&=	赋值运算符

这里需要说明的是，在实际开发中，如果搞不清楚运算符的优先级，可以使用括号来确

保运算的执行顺序。

2.5 字符串类型

2.5.1 字符串表示

字符串是 Python 中最常用的数据类型。可使用单引号（'）或双引号（"）来创建字符串。创建字符串很简单，只要为变量分配一个值即可，例如：

```
str1 = 'I use "single quotation marks " '
str2 = " I'm using double quotation marks "
str3= """I am a
multiline
double quotation marks string.
   """
str4="'I am a
multiline
single quotation marks string.
   '"
```

上述代码使用了 4 种字符串的表示方式。其中，str1 和 str2 分别使用了一对双引号和一对单引号来表示一个单行字符串；str3 和 str4 使用了三对双引号和三对单引号来表示一个多行字符串。Python 通过使用三个引号实现输出多行字符串的功能，字符串中可以包含换行符、制表符以及其他特殊字符。一个典型的案例是，当程序中需要引用一段 HTML 或者 SQL 代码时，就需要用字符串组合（使用特殊字符串转义将会非常烦琐），实例如下：

```
errHTML = '''
<HTML><HEAD><TITLE>
Friends CGI Demo</TITLE></HEAD>
<BODY><H3>ERROR</H3>
<B>%s</B><P>
<FORM><INPUT TYPE=button VALUE=Back
ONCLICK="window.history.back()"></FORM>
</BODY></HTML>
'''
cursor.execute('''
CREATE TABLE users (
login VARCHAR(8),
uid INTEGER,
prid INTEGER)
''')
```

另外，Python 中可以通过 input 方法获取用户输入的文本，例如：

```
str5=input('input your String:')      #input 方法中的参数是输入的提示
print('str5 is {str5}')
```

在本节开始处的代码段中，str1 字符串中的内容包含双引号，str2 字符串中的内容包含单引号。Python 中使用单引号和双引号的区别是什么呢？

如果在单引号字符串中使用单引号会出现报错，如：

```
str1= 'I'm a single quotation marks string'
SyntaxError:   invalid syntax
```

并且在实际上机操作时，将会看到字符串的后半段完全没有正常地高亮，这是因为单引号不能直接出现在单引号字符串内，Python 无法判断单引号是字符串本身的内容还是字符串的结束符。如果要同时输出单引号和双引号则需要使用转义字符。

2.5.2　转义字符

在 Python 中，当需要在字符串中使用特殊字符时，需要用反斜杠（\）转义字符。转义字符及其描述见表 2.4。

表 2.4　转义字符及其描述

转义字符	描述
\（在行尾时）	续行符
\\	反斜杠符号
\'	单引号
\"	双引号
\a	响铃
\b	退格
\000	空
\n	换行
\v	纵向制表符
\t	横向制表符
\r	回车
\f	换页
\oyy	八进制数 yy 代表的字符，例如\o12 代表换行，其中 o 是字母，不是数字 0
\xyy	十六进制数 yy 代表的字符，例如\x0a 代表换行
\other	其他的字符（other）以普通格式输出

使用转义字符可以输出一些不能直接输出的字符，例如：

```
str1='Hi, I\'m using backslash! And I come with a beep! \a'
print (str1)
```

在 PyCharm 中执行这两句代码，会听到"哔"的声音。这是因为\a 是控制字符而不是用于显示的字符，它的作用就是让主板蜂鸣器响一声。

需要注意，如果要输出不加任何转义的字符串，可以在字符串前面加一个 r（表示 raw string，即使反斜杠不起转义作用），例如：

```
str2= r 'this \n will not be new line'
print(str2)
```

上述这段代码会输出：

this \n will not be new line

可以看到，其中的\n 并没有被当作换行输出的控制字符。

2.5.3　字符串格式化

Python 支持格式化字符串的输出，该功能将会用到比较复杂的表达式。其最基本的用途是将一个值插入一个含有字符串格式符 %s 的字符串中。Python 中字符串格式化符号的使用与 C 语言中 printf 函数的语法相同。Python 字符串格式化实例如下：

```
str1='今天是 %d 年 %d 月 %d 日'%(2020,1,1)    # %d 表示一个整数
str2= "我叫 %s，今年 %d 岁。" % ('小红', 10)      # %s 表示一个字符串
print(str1)
print(str2)
```

以上实例的输出结果：

```
今天是 2020 年 1 月 1 日
我叫小红，今年 10 岁。
```

可以将字符串中的%d、%f、%s 等理解为一个指定了数据类型的占位符，将代码中百分号后面括号内的数据相应地依次替代占位符。

Python 中常用的字符串格式化符号见表 2.5。

表 2.5　字符串格式化符号

符号	描述
%c	格式化字符及其 ASCII 码
%s	格式化字符串
%d	格式化整数
%u	格式化无符号整型
%o	格式化无符号八进制数
%x	格式化无符号十六进制数
%X	格式化无符号十六进制数（大写）
%f	格式化浮点数字，可指定小数点后的精度
%e	用科学记数法格式化浮点数
%E	作用同%e，用科学记数法格式化浮点数
%g	%f 和%e 的简写
%G	%f 和%E 的简写
%p	用十六进制数格式化变量的地址

Python 中字符串格式化辅助指令见表 2.6。

表 2.6　字符串格式化辅助指令

指令	功能
*	定义宽度或者小数点精度
.	用于左对齐

指令	功能
+	在正数前面显示加号（+）
\<sp\>	在正数前面显示空格
#	在八进制数前面显示零（'0'），在十六进制数前面显示'0x'或者'0X'（取决于用的是'x'还是'X'）
0	显示的数字前面填充'0'而不是默认的空格
%	'%%'输出一个单一的%
var	映射变量（字典参数）
m.n	m 是显示的最小总宽度，n 是小数点后的位数（如果可用的话）

例如：

str3='今天的最高气温是%f 摄氏度' %26.7
str4='今天的最高气温是%.1f 摄氏度' %26.7
print(str3)
print(str4)

以上代码的输出结果：

今天的最高气温是 26.700000 摄氏度
今天的最高气温是 26.7 摄氏度

对于字符串格式化符号%f 来说，控制有效数字的方法是将%与 m.n.指令结合，给出总长度和小数长度 f（两个长度都是可以省略的）。

Python 还提供了一种更加灵活的字符串格式化方法：format()方法。

示例代码如下：

str1='今天是 {} 年 {} 月 {} 日' .format(2020,1,1)
str2= "我叫{}, 今年{}岁。" .format('小红', 10)
str3='今天的最高气温是{}摄氏度'.format(26.7)
print(str1)
print(str2)
print(str3)

以上代码的输出结果：

今天是 2020 年 1 月 1 日
我叫小红，今年 10 岁。
今天的最高气温是 26.7 摄氏度

format()中的参数被依次填入之前字符串的花括号（{}）中。如果要改变浮点数输出的精度，其代码如下：

str3='今天的最高气温是{0:4.3f}摄氏度'. format(26.7)
print(str3)

以上代码的输出结果：

今天的最高气温是 26.700 摄氏度

"4.3f"表示最小总宽度为 4，包括小数点，小数位数为 3。代码中的 0 是什么呢？首先来看例子：

str4='今天是{2}年{1}月 {0}日'.format(27,10,2000)
print(str4)

以上代码的输出结果：

今天是 2000 年 10 月 27 日

结合例子不难看出，0 其实是格式化的顺序，虽然默认格式化顺序是从左到右的，但是也可以显式地指定顺序。通常如果需要用到自定义的格式，必须显式地给出格式化顺序。

需要注意，字符串在 Python 中是一个不可变的对象，format()方法的本质是创建一个新的字符串作为返回值，而原字符串不变。这显然浪费了空间和时间，Python 3.6 以后的版本引入的格式串有效地解决了这个问题。

关于格式串的实例如下：

```
year=2020
month=1
day=1
str1=f'今天是{year} 年 {month} 月 {day} 日'
temp= 26.7
str2=f'今天的最高气温是{temp:4.1f}摄氏度'
print(str1)
print(str2)
```

以上实例的输出结果：

今天是 2020 年 1 月 1 日
今天的最高气温是 26.7 摄氏度

2.5.4 字符串运算

字符串也可以进行运算。字符串中的每个字符都对应一个下标，例如字符串 str="helloworld"在内存中的存储格式如图 2.2 所示。

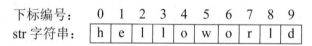

下标编号： 0 1 2 3 4 5 6 7 8 9
str 字符串： h e l l o w o r l d

图 2.2   字符串在内存中的存储格式

字符串的下标编号是从 0 开始的，依次递增 1。从上述存储格式看出，可以通过 str[5]的形式访问字符 w。

利用下标和不同的运算符，字符串可以进行多种运算。例如，当变量 a 的值为字符串 "Hello"，变量 b 的值为 "Python"时，字符串运算符及其描述见表 2.7。

表 2.7   字符串运算符及其描述

运算符	描述	实例
+	字符串连接	a + b 的输出结果："HelloPython"
*	重复输出字符串	a*2 的输出结果："HelloHello"
[]	通过索引获取字符串中字符	a[1]的输出结果：'e'
[:]	截取字符串中的一部分，遵循左闭右开原则，即 str[0,2]是不包含第 3 个字符的	a[1:4]的输出结果："ell"
in	成员运算符：如果字符串中包含给定的字符，返回 True	'H' in a 的输出结果：True

运算符	描述	实例
not in	成员运算符：如果字符串中不包含给定的字符，返回 True	'M' not in a 的输出结果：True
r/R	表示原始字符串，即所有的字符串都是直接按照字面的意思来使用，没有转义或不能打印的字符。原始字符串除在字符串的第一个引号前加上字母 r（可以大小写）以外，与普通字符串有着几乎完全相同的语法	print(r'\n') print(R'\n')

2.5.5　字符串内建方法

字符串中有几十种内建的方法，与前面所述的 format()方法一样，这些方法都不会改变字符串本身，而是返回一个新的字符串。表 2.8 给出了部分字符串内建方法及其描述。

表 2.8　字符串内建方法及其描述

序号	方法	描述
1	count(str, beg= 0,end= len(string))	返回 str 在 string 里面出现的次数。如果指定 beg 或者 end，则返回指定范围内 str 出现的次数，其中 beg 为范围的起点、end 为范围的终止
2	bytes.decode(encoding= "utf.8", errors="strict")	Python 3 中没有 decode 方法，但可以使用 bytes 对象的 decode()方法来解码给定的 bytes 对象，这个 bytes 对象可以由 str.encode()来编码返回
3	encode(encoding='utf.8', errors='strict')	以 encoding 指定的编码格式编码字符串，如果出错，默认报一个 ValueError 的异常，除非 errors 指定的是'ignore'或者'replace'
4	endswith(suffix, beg=0, end=len(string))	检查字符串是否以 suffix 结束，如果指定 beg 或者 end，则检查指定的范围内是否以 suffix 结束，如果是，返回 True，否则返回 False
5	find(str, beg=0, end= len(string))	检测 str 是否包含在字符串中，如果指定 beg 和 end，则检查 str 是否包含在指定范围内，如果包含，返回开始的索引值，否则返回 1
6	index(str, beg=0, end= len(string))	与 find()方法一样，不同之处是如果 str 不在字符串中会报一个异常
7	isalnum()	如果字符串中至少有一个字符并且所有字符都是字母或数字则返回 True，否则返回 False
8	isalpha()	如果字符串至少有一个字符并且所有字符都是字母则返回 True，否则返回 False
9	isdigit()	如果字符串只包含数字则返回 True，否则返回 False
10	islower()	如果字符串中包含至少一个区分大小写的字符，并且所有（区分大小写的）字符都是小写，则返回 True，否则返回 False
11	isupper()	如果字符串中包含至少一个区分大小写的字符，并且所有（区分大小写的）字符都是大写，则返回 True，否则返回 False
12	isnumeric()	如果字符串中只包含数字字符，则返回 True，否则返回 False
13	isspace()	如果字符串中只包含空格，则返回 True，否则返回 False
14	join(seq)	指定字符串作为分隔符，将 seq 中所有的元素合并为一个新的字符串

序号	方法	描述
15	len(string)	返回字符串长度
16	lower()	转换字符串中所有大写字符为小写字符
17	strip()	截掉字符串左边的空格或指定字符
18	replace(old, new [, max])	把将字符串中的 old 替换成 new，如果指定 max，则替换次数不超过 max
19	rfind(str, beg=0,end=len (string))	类似于 find()函数，不过是从 srt 的右边开始查找
20	split(str="", num=string.count(str))	以 str 为分隔符截取字符串，如果 num 有指定值，则仅截取 num+1 个子字符串
21	startswith(substr, beg=0, end=len(string))	检查字符串是否是以指定子字符串 substr 开头，是则返回 True，否则返回 False。如果 beg 和 end 有指定值，则在指定范围内检查
22	strip([chars])	用于移除字符串的开头和结尾处的指定字符 chars
23	zfill (width)	返回长度为 width 的字符串，原字符串右对齐，前面填充 0
24	isdecimal()	检查字符串是否只包含十进制字符，如果是返回 True,否则返回 False

2.6 数据类型实例——温度转换

温度转换是程序设计中的一个经典实例，用于理解基本的 Python 语法元素、介绍程序设计的基本方法、了解 Python 数据类型的使用。

温度的刻画有两个不同体系：摄氏度（Celsius）和华氏度（Fahrenheit）。摄氏度以 1 标准大气压下水的结冰点为 0 度，沸点为 100 度，将两个温度区间进行 100 等分后确定 1 度所代表的温度区间，进而刻画温度值。华氏度以 1 标准大气压下水的结冰点为 32 度，沸点为 212 度，将两个温度区间进行 180 等分后定义为 1 度区间。华氏度的 1 度比摄氏度的 1 度所对应温度区间更小，所以华氏度体系更为细致。由于历史原因，不同国家可能采用不同的温度表示方法。例如，中国采用摄氏度，美国采用华氏度。

对于去美国旅行的中国游客来说，需要将当地发布的华氏温度转换为摄氏温度以符合自己的理解习惯；同样，来中国旅行的美国游客，也需要将当地发布的摄氏温度转换为华氏温度。问题是，如何利用计算机程序辅助旅行者进行温度转换？

根据第 1 章介绍的程序编写基本方法，用计算机解决上述问题需要 6 个步骤，分析和实现过程如下。

（1）分析问题。可以从很多不同角度来理解旅行者温度转换问题的计算部分，这里给出 3 个角度：第一，利用程序进行温度转换，由用户输入温度值，程序给出输出结果，这是最直观的理解。第二，可以通过语音识别、图像识别等方法自动监听并获得温度信息发布渠道（如收音机、电视机等）给出的温度播报源数据，再由程序转换后输出给用户，这种角度相比第一种不需要用户给出输入。第三，随着互联网的高度普及和网络接入的便捷性，程序也可以定期从温度信息发布网站获得温度值，再将温度信息转换成旅行者熟悉的方式。3 种角度对问题计算部分的不同理解会产生不同的 IPO 描述、算法和程序。应该说，利用计算机解决问题需要结合计算机技术的发展水平和人类对问题的思考程度，在特定技术和社会条件下，分析出一个问题最经济、最合理的计算部分，进而用程序实现。本例以第一种理解角度编写并讲解余下程序步骤。

（2）划分边界。在确定问题计算部分的基础上进一步划分问题边界，即明确问题的输入数据、输出数据和对数据处理的要求。由于程序可能接收华氏温度和摄氏温度，并相互转换，该功能的 IPO 描述如下。

输入：带华氏或摄氏标志的温度值。

处理：根据温度标志选择适当的温度转换算法。

输出：带摄氏或华氏标志的温度值。

这里采用 82F 表示 82 华氏度，采用 28C 表示 28 摄氏度，实数部分是温度值。这种温度表示格式同时用于温度的输入和输出。

（3）设计算法。根据华氏和摄氏温度定义，两个温度体系都以 1 标准大气压下水的结冰点和沸点为温度区间边界，因此，转换算法如下：

$$C=（F-32）/1.8$$
$$F= C*1.8 + 32$$

其中，C 表示摄氏温度，F 表示华氏温度。

（4）编写程序。根据 IPO 描述和算法设计，编写如下温度转换的 Python 程序代码：

```
WD=input("请输入带有符号的温度值：")
if WD[-1] in ['F','f']:
    C=(eval(WD[0:-1])-32)/1.8
    print("转换后的温度是{:.2f}C".format(C))
elif WD[-1] in ['C','c']:
    F=1.8*eval(WD[0:-1])+32
    print("转换后的温度是{:.2f}F".format(F))
else:
    print("输入格式错误")
```

（5）调试测试。使用 IDLE 将上述程序语句新建的一个 Python 程序文件并保存运行，在得到测试结果后尝试理解每条语句。

2.7　本章小结

本章主要介绍了 Python 中的数据类型以及如何使用这些数据类型进行相关运算，另外给出了变量的特点及其定义方法以及 Python 中如何创建和操作字符串。数据类型是编程的基础，希望读者掌握这些基础知识，为后期的深入学习打下坚实的基础。

2.8　习题

一、选择题

1. 下列 Python 对象中，对应的布尔值是 True 的是（　　）。

　　A．None　　　　　B．0　　　　　　C．1　　　　　　　D．""

2．下列语句中，符合 Python 定义变量规范的是（   ）。

A．int a=10   B．b=10   C．a==10   D．b>=10

3．语句"True and 5"的运算结果是（   ）。

A．True   B．1   C．0   D．5

4．下列选项中，表示取模运算的运算符是（   ）。

A．*   B．++   C．%   D．**

5．下列数值中，不属于整数类型的是（   ）。

A．3.14   B．.28   C．0x80   D．28

6．下列选项中，符合 Python 命名规范的标识符是（   ）。

A．2user   B．if   C．_name   D．helloworld

7．a 与 b 定义如下：

a='123'

b='123'

下列（   ）的结果是 True。

A．a!=b   B．a is b   C．a==123   D．a+b=246

8．下面选项中，不属于字符串的是（   ）。

A．'abc'   B．"hello"   C．"12345"   D．abc

9．Python 中使用（   ）符号作为转义字符。

A．#   B．/   C．\   D．%

10．字符串"Hello world"中，字母 w 对应的位置下标为（   ）。

A．5   B．6   C．7   D．8

11．返回某个子串在字符串中出现的次数的方法是（   ）。

A．length()   B．index()   C．count()   D．find()

12．下列字符串格式化语法正确的是（   ）。

A．'This's %d%%'%'Python'   B．'This\'s %d%%'%'Python'

C．'This's %s%%'%'Python'   D．'This\'s %s%%'%'Python'

13．给定字符串 str="abcdefghijk"，使用切片截取字符串，print(str[3:5])语句执行后的输出结果是（   ）。

A．de   B．def   C．cd   D．cde

二、简答题

1．简述 Python 中变量名的命名规则。

2．简述成员运算符的作用。

三、编程题

1．输入一个年份，判断其是否是闰年。

2．重量计算。月球上物体的体重是在地球上的 16.5%，假如你在地球上每年体重增长 0.5kg，编写程序输出未来 10 年你在地球和月球上的体重状况。

第 3 章　程序的控制结构

人们利用计算机来处理不同的问题时，必须事先对各类问题进行分析，确定解决问题的具体方法和步骤，再编制好一系列指令让计算机执行，使其按照既定的步骤有效地工作。这些具体的方法和步骤，就是解决一个问题的算法。根据算法，再参照某种规则编写成计算机可以执行的指令序列，即为程序。本章主要讲解算法和程序中的控制结构。其中，3.1 节对算法进行简单描述；3.2 节介绍选择结构；3.3 节介绍循环结构，3.4 节介绍异常处理。

3.1　算法概述

3.1.1　初识算法

我们做任何事情都要有一定的步骤。例如，我们想要做一道菜——西红柿炒鸡蛋。首先，要有西红柿、鸡蛋、调味品等材料，然后就要按照一定的步骤进行具体操作。通常所说的炒菜步骤其实就是食谱。下面给出了一份西红柿炒鸡蛋的食谱：

● 西红柿洗净后顶部划"十"字，用开水烫 2 分钟后去皮切片。
● 鸡蛋打入碗中，加入少许白胡椒粉、盐和味精，打散备用。
● 小葱洗净后切成葱花。
● 炒锅内倒少许油烧至微热，倒入打散的鸡蛋快速翻炒，凝固后盛出。
● 炒锅内重新倒入少许油烧至七成热，倒入西红柿大火煸炒，然后加入白糖炒匀，再倒入炒好的鸡蛋一起翻炒，最后调入少许盐和味精，起锅前撒上葱花即可。

算法同食谱类似，是计算机为解决问题而需要采取的一系列操作步骤。例如，求"1+2+3+4+5"的值时，可以通过以下步骤完成：

（1）先求 1 加上 2，得到 3。
（2）将得到的 3 再加上 3，得到 6。
（3）将得到的 6 再加上 4，得到 10。
（4）将得到的 10 再加上 5，得到 15，这就是最后的结果。

上述算法虽然正确，但是太烦琐了。如果要求"1+2+…+1000"的值，则要通过 999 个步骤，而且每次都要直接使用上一步骤的具体运算结果（如 3、6、10 等），很不方便，显然该方法是不可取的。下面考虑一个通用的操作步骤。

设置两个变量，一个变量代表被加数，另一个变量代表加数。不另设变量存放计算结果，而是直接将每一步骤中求得的和放在被加数变量中。如果设变量 s 为被加数，变量 i 为加数，则可用循环算法来求结果。相应地将算法改写如下：

（1）将变量 s 赋值为 1，即 s=1。
（2）将变量 i 赋值为 2，即 i=2。
（3）使 s 和 i 相加，将和仍放在变量 s 中，可表示为 s=s+i。

（4）使 i 的值加 1，即 i=i+1。

（5）如果 i 不大于 5，则返回重新执行步骤（3）～（5）；否则，算法结束。最后得到的 s 的值即为所求的和。

显然，这个算法比上一个算法简练。如果题目为求"$1+2+\cdots+1000$"的和，则只需要对算法进行很小的改动，具体如下：

（1）s=1。

（2）i=2。

（3）s=s+i。

（4）i=i+1。

（5）若 i≤1000，返回步骤（3）；否则，算法结束。

可以看出，此算法具有一般性、通用性和灵活性。步骤（3）、（4）、（5）组成一个循环，在满足某个条件（i≤1000）时，反复多次执行这 3 个步骤，直到某一次执行步骤（5）时发现加数 i 已超过事先指定的数值（1000），则不再返回步骤（3），此时算法结束，变量 s 就是所求结果。

由于计算机是高速运算的，实现循环轻而易举。其实不只 Python，其他所有计算机高级编程语言中都有实现循环的语句，因此上述最后一个算法不仅是正确的，而且是计算机能够实现的较好的算法。

其实，程序员在使用计算机完成任务时，大部分工作都是编写一套合适的算法，计算机会严格地按照算法的流程执行操作。如果程序员在编写算法的时候存在错误，那么计算机在运行的时候就会产生错误。如果算法存在错误或在非预期的情况下运行，则可能会出现以下情况：

（1）程序崩溃或停止运行，并返回信息，告诉程序员出现错误的原因，以便程序员修改程序。在一个设计合理的计算机系统中，当一个程序崩溃时，并不会对整个系统造成损害。

（2）程序陷入死循环，即程序一直运行，直到程序员强行结束程序。

（3）程序在运行完成后产生一个不正确的结果或偶尔正确的结果。

上述 3 种情况中的每一种都将导致程序不能顺利完成任务，但第三种情况肯定是最糟糕的，因为它可能会使程序看起来是正确的，但是如果我们没有排除错误，而是让程序运行在实际的应用中，那么可能会造成重大的损失，例如银行账号被盗用、飞机发生事故等。为了能够有效地解决问题，我们首先要保证算法的正确性，在此基础上再考虑提升算法的质量和效率。

3.1.2　算法的基本结构

1966 年，Corrado Böhm 和 Giuseppe Jacopini 提出了 3 种算法的基本结构（也称程序结构）：顺序结构、选择结构和循环结构。这 3 种基本结构可以组成一个完成具体任务的程序。其实，几乎所有的编程语言都支持这 3 种基本程序结构，包括 Python 语言。下面对这 3 种基本程序结构进行说明。

（1）顺序结构。顺序结构就是一条一条地从上到下执行语句，程序中所有的语句都会被执行，执行过的语句不会被再次执行。如图 3.1 所示，虚线框内是一个顺序结构，其中 A 和 B 两个代码块是顺序执行的，即在执行完 A 代码块所指定的操作后，必须接着执行 B 代码块所指定的操作。

（2）选择结构。选择结构就是根据条件来判断执行哪些语句：如果给定的条件成立，就执行相应的语句；如果条件不成立，就执行另外一些语句，如图 3.2 所示。选择结构一般由三部分组成：一是条件判断语句，如图 3.2 中 P 代码块就是计算结果为真或假的判断表达式；二是当测试条件成立时所执行的代码块，如图 3.2 中的 A 代码块；三是当测试条件不成立时所执行的代码块，如图 3.2 中的 B 代码块。程序执行完选择结构之后会继续执行后续的代码块。

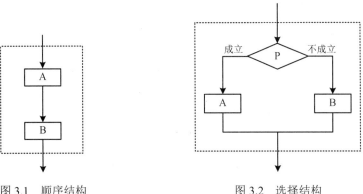

图 3.1　顺序结构　　　　　　　　　　　图 3.2　选择结构

（3）循环结构。在循环结构中，程序根据条件判断语句的结果，来决定是否重复执行某一部分代码块。如图 3.3 所示，当给定的条件 P 成立时，执行 A 代码块，执行完 A 代码块后判断条件 P 是否成立，如果仍然成立，再执行 A 代码块。如此反复执行 A 代码块，直到某次 P 条件不成立为止，此时跳出循环，程序继续运行后续的代码。

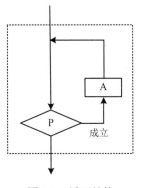

图 3.3　循环结构

上述 3 种基本结构几乎可以解决任何复杂的问题，由这些基本结构所构成的算法属于"结构化"算法，程序员在实现算法的过程中应综合运用这 3 种基本结构。在 Python 语言中，顺序结构不需要定义特别的关键字，代码是严格按照先后顺序执行的，但是在选择结构和循环结构中需要定义特殊的关键字，后续章节中将会对此进行介绍。

3.2　选择结构

在顺序结构中，程序中的每条语句是按照各个语句的先后顺序依次执行的，一条语句执行完后再无条件地执行下一条语句。然而，仅有顺序结构并不能解决所有的问题，在现实生活中经常面临着很多判断和选择的情况。例如，如果前面的交通信号灯是红色，那么要等待，否则可以通行。实际上，在程序开发中也经常会用到判断，例如，用户在登录某个系统的时候，只有用户名和密码全部正确才能被允许登录。Python 语言在构建选择结构的时候会用到判断语句，本节将对判断语句进行详细讲解。

3.2.1　单分支和双分支 if 语句

单分支 if 语句的形式如下：

```
if 判断条件:
    执行语句 A
```

双分支 if 语句的形式如下：

```
if 判断条件:
    执行语句 A
else:
    执行语句 B
```

这里 if 和 else 是语句的关键字，在 Python 构造选择结构的过程中，需要用这些特殊的关键字来告诉计算机这是选择结构。if 关键字之后的判断条件是布尔表达式，布尔表达式只有 True 和 False 两个取值，例如判断条件可以用>（大于）、<（小于）、==（等于）、>=（大于等于）、<=（小于等于）来表示两个数之间的大小关系。当判断条件成立，即布尔表达式为 True 时，执行语句 A。当判断条件不成立时，单分支语句什么都不做，双分支语句则执行 else 关键字后的语句 B。

例 3.1　根据学生测试成绩打印出是否及格的信息。程序代码如下：

```
results=59
if results>=60:
    print ('及格')
else:
    print ('不及格')
```

上述代码片段的输出结果：

```
不及格
```

上述代码中，赋值语句 results=59 将 59 赋值给变量 results，则布尔表达式 results>=60 结果为 False，因此执行 else 语句中的代码块。其实这里的判断条件不仅可以是表达式，也可以是一个布尔值。

例 3.2　布尔值作为判断条件出现。程序代码如下：

```
num = 6
if num:
    print ('Hello Python')
```

输出结果：

```
Hello Python
```

上例输出结果说明判断条件 num 的布尔值为 True。在第 2 章布尔类型内容中介绍过，非零数值、非空字符串、非空列表等对象的布尔值均为 True。

在此需要注意的是，每个 if 条件后面要使用冒号（:），表示接下来是满足条件时要执行的语句；关键字 else 后也须使用冒号（:），表示接下来是条件不满足时要执行的语句。另外，Python 中采用代码缩进的方式来划分语句块，相同缩进量的语句在一起组成一个语句块。冒号和缩进是一种语法形式，它会帮助 Python 解释器区分代码之间的层次，有助于程序开发者理解条件执行的逻辑及先后顺序。

3.2.2　多分支 if 语句

有时候，我们的判断条件会多于两种。这时候就要用到多分支 if 语句，其使用格式如下：

```
if 判断条件 1:
    执行语句 A
elif 判断条件 2:
    执行语句 B
elif 判断条件 3:
    执行语句 C
else:
    执行语句 D
```

在上述格式中，if 必须和 elif 配合使用。该段代码的执行过程如下：

（1）当判断条件 1 为 True 时，执行语句 A，然后结束整个 if 块。

（2）如果判断条件 1 为 False，那么判断是否满足判断条件 2，如果满足判断条件 2 就执行语句 B，然后结束整个 if 块。

（3）如果判断条件 1 和 2 都为 False，而判断条件 3 为 True，则执行语句 C，然后结束整个 if 块。

（4）如果判断条件 1、2 和 3 都为 False，那么执行语句 D，然后结束整个 if 块。

例 3.3　输入一个学生的成绩，判定其等级。如果成绩大于等于 90 分为"优秀"，如果在 80 分与 90 分之间为"良好"，如果大于等于 60 分且小于 80 分为"及格"，如果小于 60 分为"不及格"。程序代码如下：

```
results = int(input('请输入一个学生的成绩：'))
if results >=90:
    print('优秀')
elif results >= 80:
    print('良好')
elif results >=60:
    print ('及格')
else:
    print ('不及格')
```

关键字 elif 其实是 else if 的简写，这里需要注意的是，elif 必须和 if 一起使用，不能单独使用，否则程序会出错。

3.2.3　if 嵌套

if 嵌套指的是在 if 语句中包含其他的 if 语句。if 嵌套的格式如下：

```
if 判断条件 1:
    if 判断条件 2:
        执行语句 A
    else:
        执行语句 B
```

```
else:
    执行语句 C
```

上述格式中，外层的 if 语句中嵌套了另一个 if 语句。当然，这里的 if 语句既可以是单分支和双分支语句，也可以是多分支语句。

例 3.4 现有学生 Java 课程和 Python 课程的考试成绩，只有当两门课程分数都高于 80 分的时候输出"优秀"，否则输出"非优秀"。程序代码如下：

```
java=86
python=68
if java>80:
    if python>80:
        print('优秀')
    else:
        print('非优秀')
else:
    print('非优秀')
```

上述代码的输出结果：

```
非优秀
```

其实，if 嵌套语句也可以通过使用复合布尔表达式实现，例如上面说到的两门课程的考试成绩均要高于 80 分的例子，其代码还可以写为

```
if java > 80 and python > 80:
    print('优秀')
else:
    print('非优秀')
```

这里使用了逻辑运算符 and。逻辑运算符 or 和 not 都可以用于复合布尔表达式（逻辑运算符可参考本书第 2 章中的介绍）。

3.3 循环结构

循环结构用来解决需要重复处理的问题的程序控制结构，其会重复执行相同的语句块。本节将介绍 Python 中两个主要的循环结构：while 循环和 for 循环。while 语句提供了编写通用循环的一种方法；for 语句用来遍历序列对象内的元素，并对每个元素运行相同的代码块。

3.3.1 while 循环

while 语句是 Python 语言中通用的循环（迭代）结构。与 if 语句相似，while 关键字后面也需要条件判断。while 语句的一般格式如下：

```
while 条件判断:
    循环语句
```

while 语句的语义很简单，当条件判断为 True 时，重复执行循环语句块中语句;当条件判断为 False 时，循环终止，执行与 while 同级别缩进的后续语句。

例 3.5 使用 while 语句计算 1+2+3+…+100 的和。程序代码如下：

```
i=1
sum= 0
```

```
while i<= 100:
    sum+=i
    i=i+1
print("1～100 范围内的所有整数和为：",sum)
```

程序输出的结果：

1～100 范围内的所有整数和为：5050

在上例中，相当于用 while 实现计数循环，在循环之前需要对计数器 i 进行初始化，并在每次循环中对计数器 i 进行累加。需要注意的是，在 while 循环语句中，同样用冒号（:）和缩进来帮助 Python 解释器区分代码之间的层次。

3.3.2　for 循环

for 循环在 Python 中是一个序列迭代器，可以遍历任何有序序列内的元素，例如字符串、列表、元组等。for 循环的基本格式如下：

```
for 变量 in 序列:
    循环语句
```

for 循环中用到了 in 关键字。in 关键字的主要作用是迭代地将序列中的元素赋值给变量，然后利用变量执行循环语句。

例 3.6　使用 for 循环遍历列表，程序代码如下：

```
for i in [2,3,5]:
    print(i)
```

输出结果：

2

3

5

上述示例中，for 循环将列表中的数值逐个显示。其中，[2,3,5]是一个列表，具体定义将在第 4 章介绍。

另外，for 循环还经常与 range()函数配合使用，用来实现计数循环。range()函数是 Python 提供的内置函数，可以生成一个数字序列。range()函数在 for 循环中的基本格式如下：

```
for i in range(start,stop):
    循环语句
```

该段代码在执行时，循环计数器变量 i 依次被设置为[start,stop)区间内的所有整数值，每设置一个新值都会执行一次循环语句，当 i 等于 stop 时循环结束。这里需要注意的是，range()函数要求 start 和 stop 都是整数。

例 3.7　使用 for 语句计算 2+4+6+8+…+100 的和。程序代码如下：

```
sum= 0
for i in range(2,101,2):        #从 2 开始，到 100 为止，步长为 2
    sum+=i
print("1～100 范围内的所有整数和为：",sum)
```

程序输出的结果：

1～100 范围内的所有整数和为：2550

3.3.3　嵌套循环

同 if 嵌套类似，while 循环和 for 循环也可以嵌套。

for 循环的嵌套语法如下：

```
for 变量 1 in 序列 1:
    for 变量 2 in 序列 2:
        循环语句 A
    循环语句 B
```

while 循环的嵌套语法如下：

```
while 条件判断 1:
    while 条件判断 2:
        循环语句 A
    循环语句 B
```

除此之外，也可以在循环体内嵌入其他的循环结构和选择结构。如在 while 循环中可以嵌入 for 循环，同理，也可以在 for 循环中嵌入 while 循环。

例 3.8　使用 for 循环打印如下图形：

```
******
******
******
******
```

问题分析：此图形的规律是，第 1 行显示 6 个*符号，第 2 行也显示 6 个*符号，共显示 4 个这样的行。程序代码如下：

```
for i in range(1, 5):
    for j in range(1, 7):
        print('*',end='')
    print()
```

当然，在此既可以用 for 嵌套循环，也可以使用 while 嵌套循环。这里注意上例中 print() 函数的用法：要求 6 个*符号在一行显示，即打印一个字符后不换行，使用参数 end=''。没有明确给出参数的 print()函数起到换行的作用。

3.3.4　循环结构中的其他语句

1．break 语句

break 语句可以辅助控制循环执行，用于跳出最内层的 for 循环或 while 循环。脱离该循环后程序从循环代码后继续执行。

例 3.9　break 语句跳出循环示例，程序代码如下：

```
for s in "JYU":
    for i in range(5):     #只有一个参数 stop 的用法，取值范围为[0,5)
        print(s,end="")
        if s=="Y":
            break
```

程序输出结果如下：

```
JJJJJYUUUUU
```

在上述代码中，当 s 取值为"Y"时，break 语句跳出了最内层 for 循环，但仍然继续执行外层循环。每个 break 语句只有能力跳出当前层次循环。

2. continue 语句

continue 语句的作用是结束本次循环，继续循环中的下一次迭代。该语句只忽略循环体中 continue 后尚未执行的语句，但不跳出当前循环。对于 while 循环，继续求解循环条件，而对于 for 循环，程序流程接着遍历循环列表。

例 3.10　continue 语句结束本次循环示例，程序代码如下：

```
for s in "JYU......EDU":
    if s==".":
        continue
    print(s,end="")
```

程序输出结果如下：

```
JYUEDU
```

continue 语句和 break 语句的区别是，continue 语句只结束本次循环，而不终止整个循环的执行；而 break 语句则是结束整个循环过程，不再判断执行循环的条件是否成立，不再遍历循环列表。

3. else 语句

Python 中的 while 循环和 for 循环中也可以使用 else 语句。在循环中使用 else 语句时，else 语句块只在循环完成后执行。也就是说，else 语句块在循环被 break 语句终止时不会被执行。

例 3.11　查找 1 和 10 之间的所有质数，程序代码如下：

```
for n in range(2,11):
    for x in range(2,n):
        if n % x == 0:      #若 n 能够被 x 整除，则 n 不是质数，程序跳到外层循环
            break
    else:
        print(n, 'is a prime number')
```

这里的外层 for 循环用于让变量 n 获取 2 到 10 的数字。内层 for 循环按照质数的定义（只能被 1 和其本身整除的数）来判断 n 是否是质数，如果不是质数，则程序会跳出内层 for 循环，不会执行 else 语句块，然后继续执行外层 for 循环。该程序的运行结果如下：

```
2 is a prime number
3 is a prime number
5 is a prime number
7 is a prime number
```

3.4　程序的异常处理

3.4.1　理解异常

程序在运行过程中，有时会出现一些错误，这些错误会中断当前程序的执行。Python 把这类导致程序中断运行的错误称为异常。Python 有两大类错误异常：语法错误和运行时错误。

（1）语法错误。正确地使用 Python 命令是 Python 语句可以正常工作的必要条件，其中包括语句的正常顺序，语句的正确语法，额外字符（如引号）的正确使用等。在 Python 解释

一个脚本之前，解释器会检查语法是否正确。每当一个 Python 语句的语法不正确时，解释器就会产生一个语法错误（也就是抛出一个异常）。这种异常就被称作语法错误（SyntaxError）。

例 3.12 print 函数语法错误示例，代码如下：

```
print("I like 嘉应学院)
```

运行将产生如下错误：

```
SyntaxError: unterminated string literal (detected at line 1)
```

（2）运行时错误。运行时错误是会使得程序运行不正确或引起系统异常，但系统无法检查出来的一类错误，只能通过调试、测试才能发现导致问题的原因。通常此类错误会导致脚本立即被停止，然后产生回溯信息（Traceback）。回溯指的是回溯到原始的运行时错误。

例 3.13 被零除运行时错误示例，代码如下：

```
num1=int(input("请输入被除数："))
num2=int(input("请输入除数："))
result=num1/num2
```

程序运行后，输入如下：

```
请输入被除数：2
请输入除数：0
```

将产生如下错误：

```
Traceback (most recent call last):
    File "D:/python 练习程序/3.13.py", line 3, in <module>
        result=num1/num2
ZeroDivisionError: division by zero
```

回溯信息中包含了异常文件的路径、异常发生的代码行数、异常的类型以及异常内容提示等。最重要的部分是异常类型（如上例中的 ZeroDivisionError），它表明发生异常的原因，也是程序异常处理的依据。

3.4.2 处理异常

在运行过程中，当错误在脚本中发生时，脚本会停止运行，抛出异常，并且产生回溯信息。为了让程序更加健壮，不会因异常的出现导致程序停止运行，Python 提供了强大的异常处理机制。Python 通过 try-except 语句来提供异常处理。

1. 简单异常的捕获和处理

简单异常的捕获和处理的语法格式如下：

```
try:
        <语句块>
except：异常类型
        <异常处理代码>
```

如果没有异常发生，except 子句在 try 子句执行之后被忽略；如果 try 子句中有异常发生，该部分的其他语句被忽略，直接跳转到 except 部分，执行其后面指定的异常类型及其子句。

例 3.14 被零除异常处理示例，程序代码如下：

```
num1=int(input("请输入被除数："))
num2=int(input("请输入除数："))
```

```
try:
    result=num1/num2
except ZeroDivisionError:
    print("0 不能作除数！")
```

输入及程序的运行结果如下：

```
请输入被除数：2
请输入除数：0
0 不能作除数！
```

2.　捕获多种异常

如果 try 语句块中出现多种异常，则可以在 except 子句中通过逗号将相对应的异常类型隔开。此外，也可以添加多个 except 子句，语法格式如下：

```
try:
    <语句块>
except 异常类型 1:
    <异常处理代码>
except 异常类型 2:
    <异常处理代码>
```

当一个异常被抛出时，Python 就可以通过这些异常在 except 子句被列出的顺序查找处理异常的代码块。

当然，很少有人能确定地提出所有可能的错误异常。幸运的是，Python 允许使用一个通用的异常来处理预期之外的事件。使用通用异常的语法与常规异常很相似，只是简单地将 except 子句中的异常类型省略，语法格式如下：

```
try:
    <语句块>
except:
    <异常处理代码>
```

3.　finally 子句

finally 语句块是无论是否发生异常都将最后执行的代码。语法格式如下：

```
try:
    <语句块>
finally:              #退出 try 时总会执行
    <语句块>
```

4.　else 子句

当程序没有异常时将执行 else 子句的代码。语法格式如下：

```
try:
    <语句块>
except:
    <语句块>
……
except:
    <语句块>
else:                 #未发生异常，执行 else 语句块
    <语句块>
finally:
    <语句块>
```

Python 能识别多种异常类型，但不建议读者编写程序时过度依赖 try-except 这种异常处理机制。try-except 异常处理一般只用来检测极少发生的情况，例如用户输入的合规性或文件打开是否成功等。而对于如索引字符串超过范围的情况应该尽量在程序中采用 if 语句直接判断，而避免通过异常处理来应对这种可能发生的"错误"。

3.5　控制结构程序设计举例

例 3.15　判断某个年份是否是闰年。输入若干个年份值，每输入一个年份，输出此年份是否是闰年，直到输入结束标志"-1"。

解题思路：

（1）判断一个年份（year）是否是闰年，根据条件"(year%4 == 0 and year%100 != 0) or year%400 == 0"，使用 if 语句实现。

（2）输入若干年份值，用 while 循环实现。

（3）出现中止条件"-1"时，用 break 退出循环。

参考程序：

```
while True:
    year = int(input("请输入一个年份:"))
    if year==-1:
        print("退出！")
        break
    if (year%4==0 and year%100!=0) or year%400==0:
        print(f"{year}是闰年")
    else:
        print(f"{year}不是闰年")
```

print()函数中的 f 为 f-string 格式化字符串，是 Python 3.6 新引入的一种字符串格式化方法，其主要目的是使格式化字符串的操作更加简便。f-string 在本质上并不是字符串常量，而是一个在运行时运算求值的表达式。f-string 在形式上是以 f 或 F 修饰符引领的字符串（f"xxx"或 F"xxx"），以花括号（{}）标明被替换的字段。花括号中可以放置变量、表达式或函数，Python 会求出其结果并填入返回的字符串内。

例 3.16　回文数判断。若某自然数的各位数字反向排列所得自然数与原自然数相等，则该自然数被称为回文数。现从键盘输入一个 *n* 位的数字，试判断其是否为回文数。

解题思路：

（1）对于一个 *n* 位数字，可以比较第 1 位和第 *n* 位，第 2 位和第 *n*-1 位，依次往后。如果某次比较不相等，则退出；否则直到比较完毕（*n* 为偶数时）或剩余一位（*n* 为奇数时）。

（2）要访问到各个位的数字，用字符串处理比较方便。

参考程序：

```
num=input("请输入一个正整数：")
nlen=len(num)
for i in range(nlen//2):
    if num[i]!=num[nlen-1-i]:
```

```
        print(f"{num} 不是一个回文数")
        break
else:
    print(f"{num} 是一个回文数")
```

例 3.17　请编写程序打印出如图 3.4 所示的九九乘法表。

1×1=1								
1×2=2	2×2=4							
1×3=3	2×3=6	3×3=9						
1×4=4	2×4=8	3×4=12	4×4=16					
1×5=5	2×5=10	3×5=15	4×5=20	5×5=25				
1×6=6	2×6=12	3×6=18	4×6=24	5×6=30	6×6=36			
1×7=7	2×7=14	3×7=21	4×7=28	5×7=35	6×7=42	7×7=49		
1×8=8	2×8=16	3×8=24	4×8=32	5×8=40	6×8=48	7×8=56	8×8=64	
1×9=9	2×9=18	3×9=27	4×9=36	5×9=45	6×9=54	7×9=63	8×9=72	9×9=81

图 3.4　九九乘法表

解题思路：

（1）定义双层 for 循环，外层循环负责控制行编号，内层循环负责控制列编号。

（2）外层循环行编号从 1 递增至 9，共 9 行。

（3）对于每一行，内层循环列编号从 1 递增至行编号为止。

（4）对于每一行，只有最后一个算式输出完成后需要输出换行。

参考程序：

```
for i in range(1,10):
    for j in range(1,i+1):
        print(f'{j}*{i}={i*j}',end=" ")
    print()
```

3.6　本章小结

本章主要介绍了 Python 中的控制语句（用于控制程序的执行流程）和算法的 3 种基本结构（顺序结构、选择结构和循环结构），以及程序的异常处理。其中选择结构中主要使用 if 语句，循环结构主要使用 for 语句和 while 语句。异常处理部分讲解了异常产生的基本原理、异常的处理方式和基本语法结构。在实际开发中会经常使用这些控制语句，希望读者能够熟练掌握。

3.7　习题

一、选择题

1. 下列语句中，用来结束本次循环，然后执行下一次循环的是（　　）。

　　A．break　　　　　B．continue　　　　　C．pass　　　　　D．else

2．已知 x=10，y=20，z=30，执行以下语句后，x、y、z 的值分别是（　　）。

```
if x<y:
    z=x
    x=y
    y=z
```

　　A．10 20 30　　　　　B．20 30 10　　　　C．20 10 10　　　　D．20 30 30

3．阅读程序：

```
count = 0
while count < 5:
    print(count, '小于 5')
    if count == 2:
        break
    count += 1
else:
    print(count, "不小于 5")
```

下列关于上述程序的说法中描述错误的是（　　）。

　　A．循环结束后，count 的值为 2

　　B．当 count 的值等于 2 时，程序会终止循环

　　C．break 语句会跳过 else 语句块执行

　　D．else 语句块会在循环执行完成后运行

4．阅读程序：

```
for i in range(10):
    i+=1
    if i==8 or i==5:
        continue
    print(i)
```

上述程序中，print 语句会执行（　　）次。

　　A．5　　　　　　　B．6　　　　　　　C．7　　　　　　　D．8

5．阅读程序：

```
for i in range(5):
    i+=1
    if i==3:
        break
    print(i)
```

上述程序中，print 语句会执行（　　）次。

　　A．1　　　　　　　B．2　　　　　　　C．3　　　　　　　D．4

6．直接运行 print(a)以后会产生（　　）异常。

　　A．NameError　　　　　　　　　　B．IndexError

　　C．KeyError　　　　　　　　　　　D．FileNotFoundError

7．当 try 语句中没有错误信息时，一定不会执行（　　）语句。

　　A．try　　　　　　B．finally　　　　　C．else　　　　　D．except

8. 对于 except 子句的排列，下列方法中正确的是（　　）。

　　A．父类在先，子类在后　　　　　B．子类在先，父类在后

　　C．没有顺序，谁在前谁先捕获　　D．先有子类，其他如何排列都无关

9. 在异常处理中，如释放资源、关闭文件、关闭数据库等由（　　）来完成。

　　A．try 子句　　　　B．catch 子句　　　C．finally 子句　　　D．raise 子句

10. 当方法遇到异常且无法处理时，下列说法中正确的是（　　）。

　　A．捕获异常　　　B．抛出异常　　　C．声明异常　　　D．嵌套异常

二、简答题

1. 简述循环中 else 语句的作用。

2. 简述 break 语句和 continue 语句的区别。

三、编程题

1. 编写一个程序，使用 for 循环输出 0～10 范围内的整数，包括 0 和 10。

2. 已知函数中 x 和 y 的关系满足如下条件：

（1）若 x<0，则 y=0。

（2）若 0≤x<5，则 y=x。

（3）若 5≤x<10，则 y=3x-5。

（4）若 10≤x<20，则 y=0.5x-2。

（5）若 20≤x，则 y=0。

编写一个程序，使用 if-elif 语句实现分段函数的计算并输出 y 的值。

3. 编写一个程序，判断用户输入的数是正数、负数还是零。

第 4 章 组合数据类型

现实世界事物的信息化过程就是存储和操作数据的过程。第 2 章介绍了表示单一数据的基本数据类型。然而，实际计算中却存在大量同时处理多个数据的情况，这需要将多个数据有效组织起来并统一表示，这种能够表示多个数据的类型称为组合数据类型。本章主要介绍 Python 中常用的 4 个组合数据结构：列表（List）、元组（Tuple）、字典（Dict）和集合（Set）。

4.1 组合数据类型概述

计算机不仅能对单个变量表示的数据进行处理，更通常的情况是，计算机需要对一组数据进行批量处理，例如：

（1）给定一组单词{python, good, Jiaying, list, item}，计算并输出每个单词的长度。

（2）一次实验产生了很多组数据，对这些大量数据进行分析。

组合数据类型能够将多个同类型或不同类型的数据组织起来，通过单一的表使数据操作更有序、更容易。根据数据之间的关系，组合数据类型可以分为 3 类：序列类型、集合类型和映射类型。

序列类型是一个元素向量，元素之间存在先后关系，通过序号访问，元素之间不排他。集合类型是一个元素集合，元素之间无序，相同元素在集合中唯一存在。映射类型是"键-值"数据项的组合，每个元素是一个键/值对，表示为(key,value)。在 Python 中，每一类组合数据类型都对应一个或多个具体的数据类型，其分类构成如图 4.1 所示。

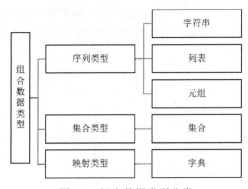

图 4.1 组合数据类型分类

（1）序列类型。Python 语言中有很多数据类型都是序列类型，其中比较重要的是字符串、列表和元组。字符串可以看成是单一字符的有序组合，属于序列类型。同时，由于字符串类型十分常用且单一字符串只表达一个含义，也常被看作基本数据类型，在第 2 章中已介绍。列表是一个可以修改数据项的序列类型，使用很灵活，将在 4.2 节详细介绍。元组是包含 0 个或多个数据项的不可变序列类型，其中任何数据项不能替换或删除，将在 4.3 节详细介绍。

（2）集合类型。集合类型与数学中集合的概念一致，即包含 0 个或多个数据项的无序组合。集合中的元素不可重复，元素类型只能是固定数据类型，如整数、浮点数、字符串、元组等，列表、字典和集合类型本身都是可变数据类型，不能作为集合的元素出现。Python 提供了一种同名的具体数据类型——集合。集合将在 4.5 节详细介绍。

（3）映射类型。映射类型是"键-值"数据项的组合，每个元素是一个键/值对，即元素是(key,value)，元素之间是无序的。键/值对(key,value)是一种二元关系，源于属性和值的映射关系。键（key）表示一个属性，也可以理解为一个类别或项目，值（value）是属性的内容，键/值对刻画了一个属性和它的值。键/值对将映射关系结构化，用于存储和表达。在 Python 中，映射类型主要以字典（dict）体现，4.4 节将详细介绍字典类型。

4.2 列表

假设一个班有 30 名学生，如果要存储这个班级所有学生的名字，就需要定义 30 个变量，每个变量存放一名学生的姓名。但是，如果有 1000 名学生甚至更多，那该怎么办呢？列表（List）可以很好地解决这个问题。列表是一个十分灵活的数据结构，它具有处理任意长度、混合类型数据的能力并提供了丰富的基础操作符和方法。

Python 提供的列表的内置函数见表 4.1，列表的内置方法见表 4.2。

表 4.1 列表的内置函数

函数	描述
len(list)	返回列表元素个数
max(list)	返回列表元素最大值
min(list)	返回列表元素最小值
list(seq)	将元组转换为列表

表 4.2 列表的内置方法

方法	描述
list.append(obj)	在列表末尾添加新的对象
list.count(obj)	统计某个元素在列表中出现的次数
list.extend(seq)	在列表末尾一次性追加另一个序列中的多个值（用新列表扩展原来的列表）
list.index(obj)	从列表中找出某个值的第一个匹配项的索引
list.insert(index, obj)	将对象插入列表
list.pop([index=-1])	移除列表中的一个元素（默认最后一个元素），并且返回该元素的值
list.remove(obj)	移除列表中某个值的第一个匹配项
list.reverse()	将列表中的元素进行反向
list.sort(key=None, reverse=False)	对原列表进行排序
list.clear()	清空列表
list.copy()	复制列表

4.2.1 列表的创建

列表用方括号（[]）表示，将逗号分隔的不同的数据项用方括号括起来即可创建一个列表。也可使用 list()函数将元组或字符串转化成列表。列表的创建如例 4.1 所示。

例 4.1 列表的创建。程序代码如下：

```
list1=[1,'SpaceX','a', [2, 'b']]
print("list1: ", list1)
list2=list("北京冬奥会")
print("list2: ", list2)
```

程序的运行结果如下：

```
list1:  [1, 'SpaceX', 'a', [2, 'b']]
list2:  ['北', '京', '冬', '奥', '会']
```

4.2.2 列表的访问

列表和字符串一样，都属于序列类型，它的每个元素都被分配一个数字，用于表示元素的位置或索引。索引数字可以从左边编号，第 1 个元素的索引是 0，第 2 个元素的索引是 1，然后依此增加 1。此外，还有一种编号方式是从右边开始，右边第一个元素索引号是-1，向左依次为-2、-3，依次类推。这种索引方式对字符串、列表等各种序列类型都适用。

可以通过索引的方式来访问列表中的元素，如例 4.2 所示。

例 4.2 使用索引访问列表元素。程序代码如下：

```
list1 = ['Google', 'Baidu', 1997, 2000]
list2 = [1, 2, 3, 4, 5, 6, 7]
print("list1[0]: ", list1[0])          #列表的索引左边从 0 开始
print("list1[-2]: ", list1[-2])        #列表的索引右边从-1 开始
print("list2[1:5]: ", list2[1:5])      #通过切片操作，截取列表的一部分，得到新列表
print("list2[-3:-1]: ", list2[-3:-1])  #通过切片操作，截取列表的一部分，得到新列表
```

程序的运行结果如下：

```
list1[0]:   Google
list1[-2]:   1997
list2[1:5]:   [2, 3, 4, 5]
list2[-3:-1]:   [5, 6]
```

为了有效地访问列表中的每个元素，可以使用 for 循环或 while 循环进行遍历。

（1）使用 for 循环遍历列表，如例 4.3 所示。

例 4.3 使用 for 循环遍历列表。程序代码如下：

```
list1 = ['zhangsan','lisi','wangwu']
for name in list1:
    print(name ,end=" ")
```

程序的运行结果如下：

```
zhangsan lisi wangwu
```

（2）使用 while 循环遍历列表。首先获取列表的长度，将列表长度作为 while 循环的条件，如例 4.4 所示。

例 4.4　使用 while 循环遍历列表。程序代码如下：

```
list1 = ['zhangsan','lisi','wangwu']
length = len(list1)
i = 0
while i< length:
    print(list1[i])
    i += 1
```

程序的运行结果如下：

```
zhangsan
lisi
wangwu
```

4.2.3　列表的更新

1. 利用索引修改元素的值

可以利用索引对列表的数据项进行修改或更新，例 4.5 所示。

例 4.5　利用索引修改列表元素。程序代码如下：

```
list = ['Google', 'Baidu', 1997, 2000]
print("第三个元素为：", list[2])
list[2] = 2001
print("更新后的第三个元素为：", list[2])
```

程序的运行结果如下：

```
第三个元素为：1997
更新后的第三个元素为：2001
```

对于 List 来说，可以一次性修改一段列表元素值，具体见例 4.6。

例 4.6　一次性修改一段列表元素值。程序代码如下：

```
list1 = [1, 2, 3, 4, 5, 6]
list1[2:4] = [111,222]              #通过切片操作，修改列表部分元素值
print("list1: ", list1)
```

程序的运行结果如下：

```
list1: [1, 2, 111, 222, 5, 6]
```

也可以等间隔地为列表元素赋值，如例 4.7 所示。

例 4.7　等间隔地为列表元素赋值。程序代码如下：

```
list1 = [1, 2, 3, 4, 5, 6]
list1[::2] = [111,222,333]          #通过切片操作，修改列表部分元素值
print("list1: ", list1)
```

程序的运行结果如下：

```
list1: [111, 2, 222, 4, 333, 6]
```

2. 利用 append()方法添加元素

可以使用 append()方法在 List 尾部为其添加一个元素。首先来看一个错误添加元素的方法，见例 4.8。

例 4.8　错误添加元素的示例。程序代码如下：

```
list1 = [1, 2, 3, 4, 5, 6, 7]
```

```
list1[7] = 8
print("list1:", list1)
```

上述方法是错误的，程序运行后会报如下错误：

```
Traceback (most recent call last):
    File "F:/test/5_1.py", line 2, in <module>
list1[7] = 8
IndexError: list assignment index out of range
```

正确的方法是通过 append()方法添加元素，具体见例 4.9。

例 4.9　通过 append()方法添加元素。程序代码如下：

```
list1 = [1, 2, 3, 4, 5, 6, 7]
list1.append(8)          #在列表的末尾添加元素
print("list1:", list1)
```

程序的运行结果如下：

```
list1: [1, 2, 3, 4, 5, 6, 7, 8]
```

3．通过 extend()方法和 insert()方法添加元素

类似地，还可以通过 extend()方法和 insert()方法添加元素，具体见例 4.10。

例 4.10　通过 extend()方法和 insert()方法添加元素。程序代码如下：

```
list1 = [1, 2, 3, 4, 5, 6, 7]
list2 = [8,9,10,11]
list1.extend(list2)                #相当于连接 list1 和 list2
print("list1:", list1)
list1.insert(0,8888)
print("list1:", list1)
```

程序的运行结果如下：

```
list1: [1, 2, 3, 4, 5, 6, 7, 8, 9, 10, 11]
list1: [8888, 1, 2, 3, 4, 5, 6, 7, 8, 9, 10, 11]
```

上例中的 extend()方法接收一个参数，该参数为要合并进 list1 的一个可迭代对象。extend()方法可以向 List 中传入一个 List 或 Tuple。

insert()方法接收两个参数，分别是被插入对象的下标索引及其值，即可以在指定下标位置插入指定对象。

4.2.4　列表元素的删除

列表元素可以被修改，也可以被删除。删除列表元素有下述 3 种方法。

1．del 语句

del 语句可以删除列表元素，也可以删除整个列表，del 操作没有返回值，具体见例 4.11。

例 4.11　通过 del 语句删除列表元素。程序代码如下：

```
list1 = [1, 2, 3, 4, 5, 6, 7]
del list1[1]
print("list1: ", list1)
del list1
```

程序的运行结果如下：

```
list1: [1, 3, 4, 5, 6, 7]
```

del 一般用来删除指定位置的列表元素。

2. pop()方法

pop()方法没有参数，默认删除列表的最后一个元素，具体见例 4.12。

例 4.12　通过 pop()方法删除列表元素。程序代码如下：

```
list1 = [1, 2, 3, 4, 5, 6, 7]
print(list1.pop())
print("list1: ", list1)
```

程序的运行结果如下：

```
7
list1: [1, 2, 3, 4, 5, 6]
```

3. remove()方法

remove()方法接收一个参数，该参数为被删除的对象（列表中第一个与参数匹配的对象），具体见例 4.13。

例 4.13　通过 remove()方法删除列表元素。程序代码如下：

```
list1 = [1, 2, 3, 4, 5, 1]
list1.remove(1)
print("list1:", list1)
```

程序的运行结果如下：

```
list1: [2, 3, 4, 5,1]
```

remove()方法是从前往后进行查找，删除找到的第一个元素。

4.2.5　列表元素的排序和翻转

Python 提供了 sort()方法用于列表中的数据排序，reverse()方法用于列表中的数据翻转，具体见例 4.14。

例 4.14　分别通过 sort()方法和 reverse()方法实现列表中数据的排序和翻转。程序代码如下：

```
list1 = [1, 2, 3, 4, 5, 6]
list1.reverse()
print("list1: ", list1)
list1.sort()
print("list1: ", list1)
list1.sort(reverse=True)
print("list1: ", list1)
```

程序的运行结果如下：

```
list1: [6, 5, 4, 3, 2, 1]
list1: [1, 2, 3, 4, 5, 6]
list1: [6, 5, 4, 3, 2, 1]
```

上述代码中 reverse()方法的作用是将列表中的元素进行前后翻转；第 1 个 sort()方法是将元素从小到大进行排列；第 2 个 sort()添加 reverse=True 的参数，使列表元素从大到小排列。

4.2.6　列表的运算

对列表进行加（+）和乘（*）的操作与对字符串的操作相似。+ 用于拼接列表，* 用于重复列表。列表运算符说明见表 4.3。

表 4.3　列表运算符说明

Python 表达式	结果	描述
len([1, 2, 3])	3	返回列表长度
[1, 2, 3] + [4, 5, 6]	[1, 2, 3, 4, 5, 6]	进行拼接操作
['Hi!'] * 4	['Hi!', 'Hi!', 'Hi!', 'Hi!']	进行重复操作
3 in [1, 2, 3]	True	判断元素是否存在于列表中
for x in [1, 2, 3]: print(x, end=" ")	1 2 3	进行迭代操作

例 4.15　对列表进行拼接。程序代码如下：

```
squares = [1, 4, 9, 16, 25]
squares += [36, 49, 64, 81, 100]
print(squares)
```

程序的运行结果如下：

```
[1, 4, 9, 16, 25, 36, 49, 64, 81, 100]
```

4.2.7　列表的嵌套

列表的嵌套是指一个列表的元素也是一个列表，见例 4.16。

例 4.16　列表的嵌套。程序代码如下：

```
lst1 = ['a', 'b', 'c']
lst2 = [1, 2, 3]
x = [lst1, lst2]
print(x)
print(x[0])
print(x[0][1])
```

程序的运行结果如下：

```
[['a', 'b', 'c'], [1, 2, 3]]
['a', 'b', 'c']
b
```

4.3　元组

元组（Tuple）和列表一样属于线性结构。元组中的数据也是有序的。与列表的不同之处在于元组一旦创建，其元素就不能被修改。元组类型在表达固定数据项、函数多返回值、多变量同步赋值、循环遍历等情况下十分有用。

Python 中提供的元组内置函数见表 4.4。

表 4.4　元组内置函数

函数	描述	实例
len(tuple)	计算元组元素个数	>>> tuple1 = ('python', 'java', 2000, 1997) >>>len(tuple1) 4

续表

函数	描述	实例

max(tuple)	返回元组中元素的最大值	>>> tuple2 = ('5', '4', '8')
		>>> max(tuple2)
		'8'

min(tuple)	返回元组中元素的最小值	>>> tuple2 = ('5', '4', '8')
		>>> min(tuple2)
		'4'

tuple(seq)	将列表转换为元组	>>> list1=['python', 'java', 2000, 1997]
		>>> tuple1=tuple(list1)
		>>>print(tuple1)
		('python', 'java', 2000, 1997)

4.3.1　元组的创建

列表使用方括号包含元素，而元组使用圆括号（可选）包含元素。

元组的创建也很简单，只需将逗号分隔的不同的数据项用圆括号括起来即可创建一个元组。也可使用 tuple() 函数将列表或字符串转化成元组。具体见例 4.17。

例 4.17　创建元组。程序代码如下：

```
tuple1 = ('computer' , 'physics' , 2000 , 1997)
tuple2 = "a","b","c","d"        #圆括号在不混淆语义的情况下不是必需的
tuple3= tuple(["python","c","java"])
```

创建一个空元组的代码如下：

```
tup1 = ();
```

如果元组中只包含一个元素，创建元组时需要在元素后面添加逗号，否则括号会被当作运算符使用，例如：

```
>>>tup1 = (50)
>>>type(tup1)        #不加逗号，类型为整型
<class 'int'>

>>>tup1 = (50,)
>>>type(tup1)        #加上逗号，类型为元组
<class 'tuple'>
```

4.3.2　元组的访问

与字符串和列表的索引类似，元组的索引也是从 0 开始。可以通过下标索引来访问元组中的元素，具体见例 4.18。

例 4.18　通过下标索引访问元组。程序代码如下：

```
tup1 = ('python', 'java', 2000, 1997)
tup2 = (1, 2, 3, 4, 5, 6, 7)
print("tup1[0]: ", tup1[0])
print("tup2[1:5]: ", tup2[1:5])
```

程序的运行结果如下：

```
tup1[0]: python
tup2[1:5]: (2, 3, 4, 5)
```

4.3.3　元组的拼接

元组中的元素是不允许修改的，但可以对元组进行拼接。

例 4.19　修改元组元素会导致错误示例。程序代码如下：

```
tup1 = (12, 34.56)
tup1[0] = 100      #修改元组元素的操作是非法的
```

程序的运行结果如下：

```
tup1[0] = 100
TypeError: 'tuple' object does not support item assignment
```

例 4.20　拼接元组示例。程序代码如下：

```
tup1 = (12, 34.56)
tup2 = ('abc', 'xyz')
tup3 = tup1 + tup2        #创建一个新的元组
print(tup3)
```

程序的运行结果如下：

```
(12, 34.56, 'abc', 'xyz')
```

元组中的元素也是不允许删除的，但可以使用 del 语句删除整个元组，具体用法格式如下：

```
del tuple1              #tuple1 为元组名
```

4.3.4　元组的运算

与列表类似，元组可以用表 4.3 中的运算符进行类似的操作。具体用法可以参照 4.2.6 小节中的例子。

4.4　字典

通过任意键信息查找一组数据中值信息的过程叫映射，Python 语言中通过字典（Dict）实现映射。字典是存储可变数量键/值对的数据结构，键和值可以是任意数据类型，包括程序自定义的类型。Python 字典效率非常高，甚至可以存储几十万项内容。字典与列表和元组不同，是一种集合结构。作为集合类型的延续，字典中的元素没有顺序之分且各个元素互不相同。

字典的内置函数见表 4.5，字典的内置方法见表 4.6。

表 4.5　字典的内置函数

函数	描述	实例
len(dict)	计算字典元素个数，即键的总数	>>>dict = {'Name': 'Runoob', 'Age': 7, 'Class': 'First'} >>>len(dict) 3
str(dict)	输出字典，以可打印的字符串表示	>>>dict = {'Name': 'Runoob', 'Age': 7, 'Class': 'First'} >>>str(dict) "{'Name': 'Runoob', 'Class': 'First', 'Age': 7}"
type(variable)	返回输入的变量类型，如果变量是字典就返回字典类型	>>>dict = {'Name': 'Runoob', 'Age': 7, 'Class': 'First'} >>> type(dict) <class 'dict'>

表 4.6　字典的内置方法

方法	描述
dict.clear()	删除字典内的所有元素
dict.copy()	返回一个字典的浅复制
dict.fromkeys(seq[,val])	创建一个新字典，以序列 seq 中的元素作为字典的键，val 为字典所有键对应的初始值。其中，seq 为字典键/值列表，val 为可选参数，用于设置键序列的值
dict.get(key, default=None)	返回指定键的值，如果键不存在则返回 default 值
key in dict	如果键在字典 dict 里返回 True，否则返回 False
dict.items()	以列表形式返回可遍历的(key,value)元组数组
dict.keys()	返回一个迭代器，可以使用 list()来将该对象转换为列表
dict.setdefault(key, default=None)	与 get()类似，但如果键不存在于字典中，将会添加键并将其值设为 default
dict.update(dict2)	把字典 dict2 的键/值对更新到字典 dict 里
dict.values()	返回一个迭代器，可以使用 list() 来转换为列表
pop(key[,default])	删除字典中给定键 key 所对应的元素，返回被删除的值。若 key 值不存在，则返回 default 值
popitem()	随机返回并删除字典中的最后一个键/值对

4.4.1　字典的创建

字典可以通过花括号（{}）建立，其语法格式如下：

```
dict1 = {<key1>:<value1>,<key2>:<value2>,…,<keyn>:<valuen>}
```

其中，dict1 是所创建字典的名称，键<key>和值<value>通过冒号连接，不同键/值对通过逗号隔开。

例 4.21　创建字典示例。程序代码如下：

```
info = {'name' : 'zhangsan' , 'id' : 1001 , 'age':18}
```

上述代码定义了一个字典 info。字典的每个元素都是由键和值两部分组成的。以'name': 'zhangsan'为例，'name'为键（key），'zhangsan'为值（value）。创建字典时需要注意以下两点：

（1）不允许同一个键出现两次。创建字典时如果同一个键被赋值两次，则系统只会记住后一个值，例如：

```
info = {'Name': 'xiaowang', 'Age': 18, 'Name': 'zhangsan'}
print ( info['Name'])
```

上述代码的输出如下：

```
zhangsan
```

（2）键的数据类型是不可变的，键可以为数字、字符串或元组，但不能为列表或字典，例如：

```
info = {['Name']: 'zhangsan', 'Age': 18}
```

上述代码运行时将出现如下错误：

```
TypeError: unhashable type: 'list'
```

4.4.2　字典的访问

Python 语言中，字符串、列表、元组等都采用数字索引，字典采用字符索引。字典的访问与列表和元组类似，但必须用 key（键）作为索引，具体见例 4.22。

例 4.22　通过键访问字典。程序代码如下：

```
info = {'name':'zhangsan','id':1001,'age':18}
print(info['name'])
print(info['age'])
```

程序的运行结果如下：

```
zhangsan
18
```

可以通过以下两种方法访问字典元素：

（1）使用 in 操作符，例如：

```
info = {'name':'zhangsan','id':1001,'age':18}
if 'name' in info:
    print(info['name'])
```

in 操作符会在字典所有的 key 中进行查找，如果找到所需要的 key 就返回 True，否则返回 False。

（2）使用 get 方法，例如：

```
print(info.get('name'))
```

get()方法可以省略 if 判断语句。如果访问的 key 存在，则返回对应的 value，否则返回 None。

4.4.3　字典的修改

字典是可变的，它支持元素的添加、修改、删除。

例 4.23　添加和修改字典元素。程序代码如下：

```
info = {'name':'zhangsan','id':1001,'age':18}
info['age'] = 20                    #更新 age
info['class'] = "计算机 2101"        #添加班级信息
print('age:', info['age'])
print('class:', info['class'])
```

程序的运行结果如下：

```
age: 20
class: 计算机 2101
```

例 4.24　字典的删除。程序代码如下：

```
info = {'name':'zhangsan','id':1001,'age':18}
del info['age']                    #删除键 age
print(info)                        #输出字典信息
info.clear()                       #清空字典
print(info)                        #输出字典信息
del info                           #删除字典
print(info)                        #试图输出字典信息
```

程序的运行结果如下：

```
{'name': 'zhangsan', 'id': 1001}          #删除键 age 后
{}                                         #清空字典后
Traceback (most recent call last):
   File "D:\python 练习程序\4.25.py", line 7, in <module>
     print(info)                           #试图输出字典信息
NameError: name 'info' is not defined
```

当删除字典后，再执行输出字典信息的操作时则出现异常，提示字典 info 没有定义。

4.4.4　字典的遍历

在实际开发中，字典的遍历可以通过 for 循环来完成。下面通过示例，分别展示如何遍历字典的键、值、元素以及键/值对。

（1）遍历字典的键，示例代码如下：

```
info = {'name': 'zhangsan' , 'id': 1001 , 'age':18}
for key in info.keys():
     print(key)
```

上述代码的运行结果如下：

```
name
id
age
```

（2）遍历字典的值，示例代码如下：

```
info = {'name': 'zhangsan' , 'id': 1001 , 'age':18}
for value in info.values():
     print(value)
```

上述代码的运行结果如下：

```
zhangsan
1001
18
```

（3）遍历字典的元素，示例代码如下：

```
info = {'name' : 'zhangsan' , 'id' : 1001 , 'age':18}
for item in info.items():
     print(item)
```

上述代码的运行结果如下：

```
('name', 'zhangsan')
('id', 1001)
('age', 18)
```

（4）遍历字典的键/值对，示例代码如下：

```
info = {'name': 'zhangsan' , 'id': 1001 , 'age':18}
for key,value in info.items():
     print("key=%s,value=%s"%(key,value))
```

上述代码的运行结果如下：

```
key=name,value=zhangsan
key=id,value=1001
key=age,value=18
```

4.5　集合

集合（Set）是由一组元素组成的。不像字典中的元素，集合中的元素只包含值，没有键。对于集合来说，有两点须注意：集合中的元素是无序的；每一个元素是唯一的。因为集合中的元素是无序的，因此不能像列表一样使用索引访问集合中的元素。但是，与列表相似，集合可以包含不同的数据类型。

集合的部分函数与方法见表 4.7。

表 4.7　集合的部分函数与方法

函数与方法	描述
s.copy()	返回一个字典的浅复制
s.add(obj)	加操作：将 obj 添加到 s
s.remove(obj)	删除操作：将 obj 从 s 中删除，如果 s 中不存在 obj，将引发异常
s.discard(obj)	丢弃操作：将 obj 从 s 中删除
s.pop()	弹出操作：移除并返回 s 中的任意一个元素
s.clear()	清除操作：清除 s 中的所有元素
len(s)	返回集合 s 的元素个数
x in s	如果 x 是 s 的元素，返回 True，否则返回 False
x not in s	如果 x 不是 s 的元素，返回 True，否则返回 False

4.5.1　集合的创建

集合用花括号（{}）表示，可以用赋值语句生成一个集合，例如：

```
set1={109,426,"SXNU","JYU",("CS",99)}
print(set1)
```

上述代码的输出如下：

```
{('CS', 99), 'SXNU', 426, 'JYU', 109}          #输出结果可能不一样
```

从上例可以看出，由于集合元素是无序的，集合的输出顺序与定义顺序不一致。

set()函数也可以用于生成集合，输入的参数可以是任何组合数据类型，返回结果是一个无重复且排序任意的集合，例如：

```
set1=set("CS.JYU")
print(set1)
set2=set([1,2,4,5,2,1])
print(set2)
```

上述代码的输出如下：

```
{'Y', 'C', 'J', '.', 'S', 'U'}
{1, 2, 4, 5}                              #输出结果可能不一样
```

集合类型与其他组合类型最大的不同在于它不包含重复元素。因此，当需要对一维数据进行去重处理时，一般通过集合来完成。

4.5.2　集合元素的更新

由于集合是无序组合，它没有索引和位置的概念，不能分片。与列表相似，集合中的元素可以动态增加。增加集合元素示例如下：

```
set1=set("CS.JYU")
set1.add("x")
print(set1)
```

上述代码的输出如下：

```
{'J', '.', 'U', 'x', 'S', 'Y', 'C'}                    #输出结果可能不一样
```

4.5.3　集合元素的删除

与列表相似，集合中的元素可以动态删除。删除集合元素示例如下：

```
set1=set("CS.JYU")
set1.remove("Y")
print(set1)
set1.discard(".")
print(set1)
set1.clear()
print(set1)
```

上述代码的输出如下：

```
{'C', 'U', 'J', 'S', '.'}
{'C', 'U', 'J', 'S'}            #输出结果可能不一样
set()                          #空集合
```

4.5.4　集合的遍历

使用循环从集合中获取元素是非常容易的，因为集合本身可以被用于迭代，例如：

```
set1=set("CS.JYU")
for ch in set1:
    print(ch,end="")
```

上述代码的输出如下：

```
.UYJSC            #输出结果可能不一样
```

注意使用 for 循环遍历集合没有问题。但是，因为集合是无序的，获得的输出结果也是一个无序的显示。

4.6　组合数据类型程序设计举例

例 4.25　输入一行英文文本，请统计里面出现频率最高的 5 个单词。

解题思路：

（1）一行文本是字符串，需要先将各种标点符号归一化为空格，以便区分各单词。

（2）利用字典实现统计各单词的频率，将单词及其频率组成键/值对。

（3）字典是无序类型，没有自己的排序方法，须借助列表的排序方法。

参考程序：

```
#This is a dog.That is a cat.Is that a dog or cat?It's time to get up.
#可用上一行作为输入文本
mytxt = input("Please input a line of text:")
mytxt = mytxt.lower()
for ch in "!,'.?":
    mytxt = mytxt.replace(ch, " ")              #将文本中标点符号替换为空格
words = mytxt.split()
counts = {}
for word in words:
    counts[word] = counts.get(word,0) + 1       #统计各单词的频率
items = list(counts.items())                    #把字典转化为列表
items.sort(key=lambda x:x[1], reverse=True)     #根据 x[1]的大小进行列表排序
for i in range(5):
    word, count = items[i]
    print (f"{word:<10}{count:>5}")
```

4.7 本章小结

本章在介绍三类组合数据类型的基础上，重点介绍了列表、元组、字典和集合这四种 Python 中非常重要的基本数据结构。其中，列表和元组有许多共性，但元组是不可修改的，而列表允许修改，相对要灵活一些；字典可以存储任何类型的键/值对，并且可以进行快速查找，相对是最灵活的；集合是无序的，但具有唯一性，常用于处理一维数据重复问题。本章讲解了 4 种数据结构的创建、元素访问、遍历、增删改、内置函数和内置方法等，希望读者能够掌握 4 种数据结构的特点和用法。

4.8 习题

一、选择题

1. 下列关于列表的说法中错误的是（   ）。

   A．List 可以存放任意类型的元素

   B．List 是一个有序集合，没有固定大小

   C．List 的下标可以是负数

   D．List 的数据类型是不可变的

2. 下面程序的输出结果是（   ）（其中 ord("A")=65）。

   ```
   list1=[1,2,3,4,'A','B','C']
   print(list1[1],list1[4])
   ```

   A．1,A   B．2,A   C．1,65   D．2,65

3. 执行下面的操作后，list2 的值为（   ）。

   ```
   list1=[1,2,3]
   list2=list1
   ```

list1[2]=4

    A．[1,2,3]　　　　　B．[1,4,3]　　　　　C．[1,2,4]　　　　　D．[4,2,3]

4．下列选项中，可以正确定义字典的是（　　）。

    A．a=['x',1,'y',2,'z',3]　　　　　　　B．b={'x',1,'y',2,'z',3}

    C．c=('x',1,'y',2,'z',3)　　　　　　　D．d=['x':1,'y':2,'z':3]

5．若 list1=['one','two',2020,2021]，则 list[-1]的值为（　　）。

    A．1　　　　　　　　B．2021　　　　　C．2020　　　　　D．0

6．运行下述程序的结果是（　　）。

```
list1=['a',5,'b',6]
del list1[1:3]
print(list1)
```

    A．[5,6]　　　　　　B．['a',6]　　　　　C．['b',6]　　　　　D．[5,'b']

7．表达式 len(range(1,10))的值是（　　）。

    A．10　　　　　　　　B．9　　　　　　　C．2　　　　　　　D．1

8．运行下列程序后的结果是（　　）。

```
tuple1 = ('a','b','c')
tuple1[0] = 'd'
print(tuple1)
```

    A．('d','b','c')　　　　　　　　　　B．('a','b','c','d')

    C．('a','d','c')　　　　　　　　　　D．程序运行出错

9．运行下列程序后的结果是（　　）。

```
L1 = [11, 22, 33]
L2 = [22, 33, 44]
for i2 in L2:
    if i2 not in L1:
        print(i2)
```

    A．44　　　　　　　　B．33　　　　　　　C．22　　　　　　　D．11

10．运行下列程序后的结果是（　　）。

```
s = "alex"
li = tuple(s)
print(li)
```

    A．('a','l','e','x')　　　　　　　　B．['a','l','e','x']

    C．{'a','l','e','x'}　　　　　　　　D．程序运行出错

二、程序分析题

1．分析判断以下程序是否可以编译通过？若能编译通过，请列出运行结果；否则，请说明编译失败的原因。

```
tup1 = ('1','2','3')
tup1[3]='d'
print(tup1)
```

2．分析判断以下程序是否可以编译通过？若能编译通过，请列出运行结果；否则，请说明编译失败的原因。

```
list1 = [2,5,1,7,0,6,9,3]
list1.reverse()
print(list1[3])
list1.sort()
print(list1[3])
```

3．定义一个函数 func(listinfo)，其中 listinfo 为列表，列表被初始化为 listinfo=[133,88,24,33,232,44,11,44]。阅读理解以下程序，给出程序的运行结果。

```
def func(listinfo):
    try:
        result = filter(lambda k: k < 100 and k % 2 == 0, listinfo)
    except Exception as a:
        return a
    else:
        return result
list0=func([133,88,24,33,232,44,11,44])
for a in list0:
    print(a ,end=" ")
```

三、编程题

1．统计英文句子 "Python is an interpreted language" 中有多少个单词。

2．输入一个字符串，将其反转并输出。

3．计算一个列表元素的和。

4．已知一个字典包含若干员工信息（姓名、性别键/值对），请编写一个函数，删除性别为男的员工信息。

5．使用字典存储学生的信息：学号和姓名。将学生的信息按照学号由小到大进行排列，然后输出。

6．请编写一个程序，实现删除列表中重复元素的功能。

第 5 章　函数

5.1　函数的概述

通过学习 Python 语言的基本数据类型、字符串输入/输出和程序控制语句等，我们已经能够编写一些简单的 Python 程序。但在实际编写程序时，如果程序的功能比较复杂，程序的规模通常就会比较大，使得程序变得冗长，阅读和维护困难，这时我们就可以把具有相同逻辑功能的模块定义为一个函数。函数是指一段可以直接被另一段程序调用的程序。在程序设计的过程中，往往会出现具有相同功能的模块，这时我们可以将相同功能的模块定义为一个函数。Python 提供了很多系统已经定义的函数，例如 print()函数实现了向控制台打印信息的功能；int()函数可以将一个非整数类型的对象转化为整数类型；range()函数可以返回一个迭代序列等。请观察如下代码：

```
>>> list(range(0,50,5))
[0, 5, 10, 15, 20, 25, 30, 35, 40, 45]
```

这里的 range()和 list()就是系统已经定义的函数，调用时需要给函数传递实际参数，上面的 range()函数括号内的 "0,50,5" 就是函数调用时的实际参数，函数调用完成后有一个返回值，range(0, 50, 5)函数调用返回的值是从 0 开始，到 50（不包括 50），步长为 5 的一个可以迭代的序列。list()用于将 range() 函数返回的可迭代序列转换为列表。

以上函数都是 Python 自带的，需要时可以直接在程序中调用，不用额外定义。除了 Python 自己定义的函数之外，在实际开发中，大部分函数需要程序员自己定义。

把程序中具有相同功能的模块定义为一个函数主要有以下两个作用：

（1）提高代码重复利用率，减少代码冗余和代码维护成本，最大化实现代码复用。与其他编程语言一样，Python 中的函数是一种用来实现单一或相关联功能的代码段，它能够提高应用的模块化和代码的重复利用率。函数整合了具有一定功能的通用性代码，以便这些代码能够在之后的程序中多次使用，并为后续的代码维护工作提供十分有利的条件。

（2）程序模块化。函数提供一种在求解复杂问题时实现各个击破的方法。当我们面对一个复杂问题时，往往可以将这个问题分解为多个子问题，独立实现对子问题的求解要比直接解决复杂问题容易得多。每个子问题都可以使用一个特定的功能函数来解决，然后将这些函数组织在一起就可以解决复杂问题。每个函数用来实现一个尽可能简单的功能就体现了程序设计中的模块化思想。

5.2　函数

5.2.1　内置函数

在 Python 语言中有一种函数不需要导入库就可以直接调用，这些函数称为内置函数，见表 5.1。

表 5.1　内置函数

序号	函数	序号	函数	序号	函数	序号	函数	序号	函数
1	abs()	16	all()	31	any()	46	basestring()	61	bin()
2	bool()	17	bytearray()	32	callable()	47	chr()	62	classmethod()
3	cmp()	18	compile()	33	complex()	48	delattr()	63	dict()
4	dir()	19	divmod()	34	enumerate()	49	eval()	64	execfile()
5	file()	20	filter()	35	float()	50	format()	65	frozenset()
6	getattr()	21	globals()	36	hasattr()	51	hash()	66	help()
7	hex()	22	id()	37	input()	52	int()	67	isinstance()
8	issubclass()	23	iter()	38	len()	53	list()	68	locals()
9	long()	24	map()	39	max()	54	memoryview()	69	min()
10	next()	25	object()	40	oct()	55	open()	70	ord()
11	pow()	26	print()	41	property()	56	range()	71	raw_input()
12	reduce()	27	reload()	42	repr()	57	reverse()	72	round()
13	set()	28	setattr()	43	slice()	58	sorted()	73	staticmethod()
14	str()	29	sum()	44	super()	59	tuple()	74	type()
15	unichr()	30	unicode()	45	vars()	60	xrange()	75	zip()

5.2.2　自定义函数

在 Python 中允许用户自定义实现某个功能的函数。自定义函数的语法格式如下：

```
def 函数名(参数 1,参数 2,…,参数 n):
    函数体
```

其中，关键字 def 首先告诉 Python 将要定义一个函数；函数名一般由有意义的英文字符串和下划线组成，用于指出该函数所完成的具体功能；函数名后面紧跟的小括号中包含了 0个或多个类型参数，在函数定义时小括号内的参数一般称为形式参数，在调用函数的时候，这些参数就是函数为完成功能所需要输入的数据，一般称为实际参数；有些函数在定义时，可能不需要定义参数，这时小括号也不能省略；冒号（:）告诉 Python 解释器后面是程序执行的主体，也就是函数体，为方便理解程序，函数体通常会缩进，当调用函数时，Python 会执行整个函数体。有时函数体会包含 return 语句，例如：

```
def 函数名(参数 1,参数 2,…,参数 n):
    函数体
    return 表达式
```

这里的 return 语句出现在函数定义的结尾处，其实它可以出现在函数主体中的任何地方，表示函数调用的结束，并将结果返回至函数调用处。return 语句包含了一个对象表达式，该表达式给出了函数的最终结果，用于返回给调用该函数的上级程序。return 语句是可选的，如果没有 return 语句，那么函数将会在控制执行完函数主体时结束并自动返回一个空对象（None）。

例如，定义比较两个数中较大数的 max 函数的代码如下：

```
def max(x,y):
    if x > y:
        return x
    else:
        return y
```

def 为定义函数的 Python 关键字，该自定义函数的函数名称为 max，x、y 为形式参数，其他语句统称为函数体，函数体有两个 return 语句，具体执行哪个 return 语句要根据 if 语句中的判断条件 x>y 来决定。如果判断条件成立，返回 x；否则返回 y。

函数定义完成后，就相当于有了一段具有特定功能的代码，要想执行这些代码需要调用函数。调用函数通过使用函数名并在函数名后的小括号中写出传递给该函数的实际参数即可，例如：

```
>>>a=max(2,4)
>>>a
4
```

表达式 max(2,4)传递了两个实际参数给 max 函数。函数头部的变量 x 被赋值为 2，y 被赋值为 4，之后开始运行函数的主体。这个函数中的主体是一个选择结构，首先通过 if 语句中的判断条件判断出 x 小于 y，所以应该执行 else 中的 return 语句，即返回 y 值作为函数表达式的值。上述代码将 y 值赋值给变量 a，完成对 max 函数的调用。

5.3　函数的参数

5.3.1　默认值参数和关键参数

函数在使用之前必须先定义，在调用函数时需要给形式参数传递实际参数，并且传递的数据和定义的参数需要一一对应。默认参数就是在定义函数时允许函数参数使用默认值，即在调用该函数时可以给该函数传递值，也可以使用默认值，且在定义函数时，默认值参数必须定义在函数参数列表的最右边。关键参数是在函数定义后，通过"形式参数=实际参数"的形式进行传递，关键参数传递值时，实际参数的顺序和形式参数的顺序可以不一样。例如，下面定义的函数 f 就有两个默认参数。

```
>>>def f(a,b=2,c=3):
        print(a,b,c)
```

在调用函数时，默认值参数 b 和 c 就是可选的参数，如果没有传入值，默认参数就被赋予了默认参数值。当调用上述这个函数的时候，我们必须为不是默认参数的 a 传递值，而默认参数 b 和 c 的值是可选的，如果不给 b 和 c 传递值，它们会分别被默认赋予 2 和 3。下面给出了该函数的调用情况：

```
>>>f(1)
1 2 3
>>>f(a=1)
1 2 3
```

上述代码给出了两种相同的调用方法。第一种调用方法中数字 1 会默认地传递给参数 a；

第二种调用方法在调用函数时使用关键参数（a=1）为参数 a 直接进行赋值，而参数 b 和 c 使用了默认值。下面代码给出了对默认参数进行赋值的方法。

```
>>>f(1,4)
1 4 3
>>>f(1,4,5)
1 4 5
```

用上述代码中第一种方法调用函数的时候，给函数传递两个值，只有 c 为默认值；当传递 3 个参数值时（第二种方法），没有参数使用默认值。我们也可以在调用函数时给默认参数 a 和 c 进行赋值，例如：

```
>>>f(1,c=6)
1 2 6
```

上述代码中，数字 1 赋值给了形式参数 a，参数 c 通过关键参数得到了 6，而参数 b 使用的是默认值。一般情况下，我们要按顺序给函数传递参数，如果参数顺序不对应，就会传错值。不过在 Python 中，可以通过关键字来给函数传递参数，而不用关心参数列表定义时的顺序。这里需要注意的是，带有默认值的参数一定要位于参数列表的最后，否则程序会报错，例如：

```
>>>def f(b=2,a,c=3):
        print(a,b,c)
```

上述代码执行结果如下：

```
SyntaxError: non-default argument follows default argument
```

5.3.2 可变长参数

通常在定义一个函数时，若希望函数能够处理的参数个数比当初定义函数时的参数个数多，则可以在函数中使用可变长参数。Python 提供了元组和字典的方式来接收没有直接定义的参数。在使用元组接收参数时，需要在定义函数参数的前面加星号（*）；而在使用字典接收参数时，需要在定义函数参数的前面加双星号（**）。首先来看使用元组方式接收参数的方法，例如：

```
>>>def f(*args):
        print(args)
```

函数 f 被调用时，Python 将所有相关参数收集到一个新的元组中，并将这个元组赋值给变量 args，例如：

```
>>>f()
()
>>>f(1)
(1,)
>>>f(1,2,3,4)
(1, 2, 3, 4)
```

函数 f 在第一次调用时，没有传入任何参数，元组也就收集不到参数，所以输出为空；在后面两次调用中使用了不同数目的参数，元组会收集这些参数。

使用字典方式接收参数与使用元组方式类似，但是该方式只对调用函数中存在赋值语句的参数有效。具体是将这些带有赋值语句的参数传递到一个字典中，然后使用处理字典的方法处理这些参数，例如：

```
>>>def f(**args):
        print(args)
```

```
>>>f()
{}
>>>f(a=1,b=2)
{'a':1,'b':2}
```

函数 f 在第一次调用时没有传递参数，因此 args 字典为空；当使用带有关键字参数的赋值语句传递参数的时候，会将参数转换为字典的形式供函数体使用。

在定义函数时，多数情况下函数和参数是混合在一起的。函数会通过包含普通参数、默认值参数、可变长参数（*参数和**参数）来实现更加灵活的调用方式，例如：

```
>>>def f(a,*args,**kargs):
        print(a,args,kargs)


>>>f(1,2,3,x=1,y=2)
1,(2,3){'x':1,'y':2}
```

定义函数 f 时，形式参数为普通参数和可变长参数，在调用函数 f 时，普通参数 a 会按照参数的位置最先被赋值为 1，2 和 3 由于没有普通参数接收，所以被元组 args 收集；关键参数（x=1 和 y=2）会被放入 kargs 字典中。

5.3.3　函数传值问题

在调用函数的时候需要传递参数，这些参数会在函数体中被使用和修改。那么这些被传递给函数处理的参数对调用该函数的程序有什么影响呢？我们先看下面一段程序代码：

```
>>> def f(x):
        x=x+1
>>> y=8
>>> f(y)
>>> y
8
```

这段程序首先定义了一个函数 f，然后定义了一个变量 x。在调用函数 f 的时候使用变量 y 作为参数，然后查看 y 的值，发现该值还是 8 而不是 9，为什么呢？也就是说，为什么函数 f 没有更改 y 的值呢？这主要是因为在函数参数的传递过程中，参数的更改与否也与传递的参数的数据类型有关。

前面介绍了 Python 的基本数据类型，这些数据类型对象可以分为可更改类型对象和不可更改类型对象。在 Python 中，字符串、整型、浮点型、元组是不可更改的类型对象，而列表、字典是可以更改的类型对象。

对于不可更改的类型对象，变量赋值语句 "x = 8" 就是生成一个整型对象 8，然后将变量 x 指向 8；语句 "x = x+1" 就是再生成一个整型对象 9，然后改变 x 的指向，使其不再指向整型对象 8，而是指向 9，8 会被丢弃。将不可更改类型对象传递给函数的时候，如 f(y)，传递的只是对象 y 的值，在函数体内修改的只是另一个复制的对象，不会影响 y 本身。

对于可更改的类型对象 a，假设有变量赋值语句 "num_list = [1,2,3,4,5,6]"，该语句将生成一个对象列表，列表里面有 6 个元素，如果将变量 a 指向该列表，"num_list[2] = 5" 则是更改指向该列表的 a 的第三个元素值。注意，这里并不是重新指向 a，而是直接修改列表中的元素值。示例代码如下：

```
>>> def f(x):
      x[4]=4
>>> x_list=[1,2,3,4,5]
>>> f(x_list)
>>> x_list
[1, 2, 3, 4, 4]
```

在上述代码中，我们将列表 x_list 作为参数传递给函数 f，并在函数体中对列表元素进行了修改，根据 x_list 输出结果可以发现，在函数中修改列表后会对函数外部的 x_list 值造成影响。由此可见，如果函数传递的是不可更改的类型对象，在函数内部直接修改形式参数的值不会影响实际参数，而是创建一个新变量。如果函数传递的是可更改的类型对象，在函数内部直接修改形式参数的值则会影响实际参数。

5.4   递归函数

一个函数可以在它的函数体中调用其他函数。如果在调用一个函数的过程中调用的是该函数本身，甚至多次调用函数本身，直到达到某个条件时不再调用，那么这个函数就是递归函数。Python 语言也支持函数的递归调用，下面通过一个计算阶乘 $n!=1\times2\times3\times\cdots\times n$ 的例子来演示递归函数的使用。关于阶乘 $n!$ 的计算，可以使用数学公式表述如下：

$$n!=\begin{cases}1 & (n=1)\\ n(n-1)! & (n>1)\end{cases}$$

上述表述是一种归纳定义，它将求解阶乘的步骤分为两部分：第一部分是给出 n 的初始值为 1，计算得到 $n!$ 的取值为 1；第二部分当 n 大于 1 时，使用了递归表达式，该表达式将求解 $n!$ 的问题转换为求解 $(n-1)!$ 的问题。其实，这两部分之间具有一定的关系，在求解的过程中，第二部分会不断地分解问题直到得到第一部分给出的值为止，最后求得整个问题的解。程序参考代码如下：

```
def f(n):
    if n==1:
        return 1
    else:
        return n*f(n-1)
print(f(5))
```

程序运行结果如下：

```
120
```

例 5-1   编写递归函数模拟汉诺塔问题。汉诺塔是一个源于印度古老传说的益智玩具。有三根柱子，假设分别为 A 柱子、B 柱子、C 柱子。在 A 柱子上，从上往下，按照从小到大的顺序摆着 64 片圆盘，现在需要把圆盘按从上往下、从小到大的顺序重新摆放在柱子 C 上，并且规定，在小圆盘上不能放大圆盘，在三根柱子之间一次只能移动一个圆盘，移动过程中可以借助 B 柱子。汉诺塔示意图如图 5.1 所示，由于空间有限，图中图盘数量无法完全展现。

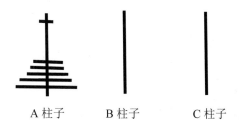

A 柱子　　　　　B 柱子　　　　C 柱子

图 5.1　汉诺塔示意图

程序代码如下：

```
def hannoi(n,a,b,c):
    if n==1:
        print(a,"-->",c)
    else:
        hannoi(n-1,a,c,b)
        print(a,"-->",c)
        hannoi(n - 1, b, a, c)


hannoi(3,"A","B","C")
```

程序的运行结果：

```
A --> C
A --> B
C --> B
A --> C
B --> A
B --> C
A --> C
```

程序中自定义了递归函数 hannoi，函数有 4 个参数，n 表示 A 柱子上按照从上到下、从小到大顺序叠放的圆盘的数量，a、b、c 分别表示三个柱子的编号，程序中的函数 hannoi 在函数体中调用了函数 hannoi 本体，所以是递归调用。在调用 hannoi(3,"A","B","C") 函数时，实际参数即 A 柱子上的圆盘的数量为 3，"A" "B" "C" 表示 3 根柱子的实际编号。程序运行结果中的 "A --> C" 表示 A 柱子上最上面的那块圆盘移动到 C 柱子上，其他以此类推。

如果考虑 A 柱子上有 64 个圆盘，由 A 柱子移到 C 柱子，并且始终保持从上到下、从小到大的顺序叠放，这需要多少次移动呢？这里需要递归的方法，假设有 n 片，移动次数是 $f(n)$。显然 $f(1)=1$，$f(2)=3$，$f(3)=7$，…，$f(n)=2^n-1$。当 $n=64$ 时，需要移动 18446744073709551615 次，假如每秒钟移动一次，每年平均 31557600 秒，移完这些圆盘需要 5845.42 亿年以上，而地球存在至今不过 45 亿多年。

5.5　匿名函数

在 Python 中有两种函数，一种是 def 定义的函数，另一种是 lambda 函数，也就是大家常说的匿名函数。简单来说，匿名函数就是没有名称的函数，也就是不需要使用 def 语句定义的函数。如果要声明匿名函数，需要使用 lambda 关键字。匿名函数主要有以下特点：

（1）用 def 语句定义的函数是有名称的，而用 lambda 语句定义的函数没有名称。

（2）lambda 语句定义的函数只是一个表达式，函数体比用 def 语句定义的函数简单很多。

（3）if 或 for 等语句不能用于 lambda 语句定义的函数中。

匿名函数的声明格式如下：

```
lambda [arg1 [,arg2,...argn]]:expression
```

其中[arg1 [,arg2,...argn]]表示的是函数的参数；expression 表示的是函数的表达式。

例如，下面是声明匿名函数的代码：

```
>>> sum=lambda a,b,c:a+b+c
>>> sum(1,2,3)
6
```

需要注意的是，尽管 lambda 表达式允许定义简单函数，但是它的使用是有限制的。程序员只能通过 lambda 指定单个表达式，表达式的值就是最后的返回值，也就是说匿名函数不能包含其他的语言特性，即不能包括多个语句、条件结构、循环结构、异常处理等。

在某些场景下，匿名函数是非常有用的。假设我们要对两个数进行计算，如果希望声明的函数支持所有的运算，可以将匿名函数作为函数参数进行传递，例如：

```
>>> def f(x,y,op):
        print(op(x,y))
>>> f(1,2,lambda a,b:a+b)
3
>>> f(1,2,lambda a,b:a-b)
-1
```

程序在调用 f 函数时，lambda 函数作为参数传递给 f 函数的形式参数 op，此时 op 不再作为变量名，而是作为函数名。该 op 函数的参数为 lambda 函数中定义的参数，函数体为 lambda 表达式。例如，将 "lambda a,b:a+b" 传递给形式参数 op 时，函数 operation 的形式参数为 a、b，函数体为 a+b。

例 5-2　编写程序使用秦九韶算法求解一元 n 次多项式 $f(x)=3x^5+8x^4+5x^3+9x^2+7x+1$ 的值。

秦九韶算法是中国南宋时期的数学家秦九韶提出的一种多项式简化算法，其核心是将一元 n 次多项式的求值问题转化为 n 个一次式进行计算。即将 $f(x)=a_nx^n+a_{n-1}x^{n-1}+\cdots+a_1x+a_0$ 改写成 $(\cdots((a_nx+a_{n-1})x+a_{n-2})x+\cdots+a_1)x+a_0$。

程序代码如下：

```
from functools import reduce
def f(factors,x):
    result=reduce(lambda a,b:a*x+b,factors)
    return result
factors=(3,8,5,9,7,1)
print(f(factors,2))
```

程序运行结果如下：

```
315
```

计算的多项式 $f(x)=3x^5+8x^4+5x^3+9x^2+7x+1$，需要 15 次乘法运算和 5 次加法运算，如果改写为秦九韶算法为 $((((3x+8)x+5)x+9)x+7)x+1$，只需要 5 次乘法运算和 5 次加法算法，大大提高了计算速度。程序首先导入 functools 模块，从 functools 模块调用 reduce()函数，形式参数为一个匿名函数和一个元组，功能是对参数序列中的元素进行累积。元组里的每个元素对应多项式中各项系数和常数项，如果某项缺失，就用 0 表示，函数调用 f(factors,2)语句中 2 表示多项式中 x 的值。

5.6　生成器函数

生成器函数指的是函数体中包含 yield 关键字的函数，程序执行到 yield 语句时，返回一个值然后暂停执行，下次再使用生成器对象的__next__()方法、内置函数 next()、for 循环遍历生成器对象的元素。例如，定义一个起始值为 1，公比为 2 的等比序列的生成器函数，程序如下：

```
def f():
    a=1
    while True:
        yield a
        a=a*2
```
调用生成器函数创建生成器对象：
```
x=f()
```
然后使用生成器对象的__next__()方法和 for 循环：
```
for i in range(10):
    print(x.__next__(),end=' ')
```
实现等比序列的输入：
```
1 2 4 8 16 32 64 128 256 512
```
通过生成器函数返回的是一个生成器对象，生成器对象就像一个容器，可以从这个容器中根据需要依次取出生成器函数内部产生的数据。

5.7　变量的作用域

程序中定义的变量的作用范围通常称为变量的作用域。Python 程序中的变量并不是在哪个位置都可以被访问的，访问权限取决于这个变量是如何定义的，例如：
```
>>> def test():
        x=8
        print("x 的值是： ",x)
>>> test()
x 的值是： 8
>>> x
Traceback (most recent call last):
  File "<pyshell#5>", line 1, in <module>
    x
NameError: name 'x' is not defined
```
上述代码定义函数 test 时，函数体中定义了一个变量 x，当在 test 函数中输入变量 x 的值 8 后，函数运行结束，变量的生命周期已经结束，所以再次输出变量 x 时，出现输出异常，提示变量 x 没有被定义，这就是变量作用域不同导致的。变量的作用域决定了在程序的哪一部分可以访问哪个特定的变量。

Python 中的变量一般分为全局变量和局部变量。局部变量指的是定义在函数内的变量。局部变量只在此函数范围内有效，也就是说只有在此函数内才能引用它们，在此函数以外是不能使用这些变量的。不同的函数可以定义相同名字的局部变量，不会对各函数内的变量产生影响，例如：

```
>>> def f1():
        n=8
        print("函数 f1 中 n 的值为：",n)
>>> def f2():
        n=9
        print("函数 f2 中 n 的值为：",n)
>>> f1()
函数 f1 中 n 的值为：  8
>>> f2()
函数 f2 中 n 的值为：  9
```

全局变量的作用域大于局部变量。全局变量一般定义在函数外部，在使用的时候分为两种情况。

（1）全局变量只是作为引用，在函数中不修改它的值，例如：

```
>>> n=8
>>> def f():
        print("n 的值为：",n)
>>> f()
n 的值为：8
```

（2）如果要在函数中修改全局变量，必须使用 global 关键字进行声明，否则会出现错误，例如：

```
>>> n=8
>>> def f():
        n=n+1
        print("n 的值为：",n)
>>> f()
Traceback (most recent call last):
  File "<pyshell#25>", line 1, in <module>
    f()
  File "<pyshell#24>", line 2, in f
    n=n+1
UnboundLocalError: local variable 'n' referenced before assignment
```

上述程序报错的原因是"在赋值前引用了局部变量 n"，在执行语句"n=n+1"之前，程序中是没有声明局部变量 n 的，此时 Python 会把变量 n 当作局部变量，因此，程序会出现上述异常信息提示。为了使局部变量生效，保证程序正确运行，可以在函数内使用 global 关键字对其进行声明，例如：

```
>>> n=8
>>> def f():
```

```
        global n
        n=n+1
        print("n 的值为：",n)
>>> f()
n 的值为：9
```

除了局部变量和全局变量，Python 还支持使用关键字 nonlocal 定义一种既不是局部变量，也不是全局变量的变量作用域。请看下面的程序：

```
>>> def f1():
        x=0
        def f2():
            x=x+1
            print(x)
        f2()
>>> f1()
UnboundLocalError: local variable 'x' referenced before assignment
```

程序出错，抛出异常的原因在于 f2 函数内的"x=x+1"语句，变量 x 一旦被修改，就会变为局部变量，所以出现异常，提示局部变量在使用前没有被定义。程序应该如何修改才不会出现异常呢？修改后的程序如下：

```
>>> def f1():
        x=0
        def f2():
            nonlocal x
            x=x+1
            print(x)
        f2()
>>> f1()
1
```

为了解决以上问题，Python 引入了 nonlocal 关键字，声明 x 变量不是局部变量，所以程序就会向外寻找 x 变量，然后在函数 f 内被找到 x 变量的值。nonlocal 型变量一般用于函数嵌套中。

5.8　函数程序设计举例

例 5-3　编写程序，随机生成一个 6 行 5 列的整数矩阵，输出原始随机矩阵后，按照矩阵中的第 1 列的升序排序，若第 1 列相同则按照第 5 列的降序排序后输出。

参考程序：

```
import random
m1=[[random.randint(1,100) for j in range(5)] for i in range(6)]
print("原始矩阵：")
for x in m1:
    print(x)
m2=sorted(m1,key=lambda x:(x[0],x[4]))
print("排序矩阵：")
for x in m2:
```

```
        print(x)
```

程序运行结果：

原始矩阵：

[33, 43, 98, 35, 55]

[99, 83, 98, 46, 51]

[10, 66, 25, 98, 12]

[6, 60, 18, 12, 70]

[59, 44, 11, 71, 100]

[39, 50, 17, 97, 67]

排序矩阵：

[6, 60, 18, 12, 70]

[10, 66, 25, 98, 12]

[33, 43, 98, 35, 55]

[39, 50, 17, 97, 67]

[59, 44, 11, 71, 100]

[99, 83, 98, 46, 51]

例 5-4 一段共有 n 阶的楼梯，假设一步可以跨 1 阶、2 阶或 3 阶，编写程序计算一共有多少种楼梯的跨法。

参考程序 1（递归）：

```
def allsteps(stairs):
    if isinstance(stairs,int) and stairs>0:
        steps={1:1,2:2,3:4}
        if stairs in steps.keys():
            return    steps[stairs]
        else:
            return allsteps(stairs-1)+allsteps(stairs-2)+allsteps(stairs-3)
    else:
        print("参数有误！")


print(allsteps(20))
```

参考程序 1（非递归）：

```
def allsteps(stairs):
    if isinstance(stairs,int) and stairs>0:
        s1,s2,s3=1,2,4
        for i in range(stairs-3):
            s3,s2,s1=s1+s2+s3,s3,s2
        return s3
    else:
        print("参数有误！")


print(allsteps(20))
```

程序运行结果：

121415

5.9　本章小结

　　函数是模块化程序设计中最基本的体现，本章主要介绍了 Python 自带的内置函数和自定义函数，内置函数在使用时无须定义就可以直接调用，而自定义函数必须使用关键字 def 定义后才可以使用。函数定义时使用的参数称为形式参数，函数调用时使用的参数称为实际参数，实际参数向形式参数传递时有普通参数、默认值参数、关键参数和可变长参数。对于可变类型的实际参数，参数的传递有可能改变原来实际参数的值。函数内部定义的变量的作用域一般在函数内部，如果要改变变量的作用域可以将变量定义为局部变量、全局变量和 nonlocal 变量。

5.10　习题

一、选择题

1．Python 语言中定义函数中全局变量的关键字是（　　）。
　　A．local　　　　　　B．nonlocal　　　　　C．global　　　　　　D．def
2．下列选项不是自定义函数特性的是（　　）。
　　A．高内聚　　　　　　　　　　　　B．低耦合
　　C．传递参数不要太多　　　　　　　D．函数功能越大越好
3．内置函数 len("Python")的返回值是（　　）。
　　A．3　　　　　　　　B．4　　　　　　　　C．5　　　　　　　　D．6
4．"Good".count("o")的返回值是（　　）。
　　A．1　　　　　　　　B．2　　　　　　　　C．3　　　　　　　　D．4
5．阅读如下程序：
```
def f(a,b,c):
    print(a*b*c)
```
函数调用 f(**{"a":1,"b":1,"c":1})的返回值是（　　）。
　　A．1　　　　　　　　B．111　　　　　　　C．异常　　　　　　　D．3
6．阅读如下程序：
```
def f(a,b,c):
    print(a*b*c)
```
函数调用 f(*[1,1,1])的返回值是（　　）。
　　A．1　　　　　　　　B．111　　　　　　　C．异常　　　　　　　D．3
7．阅读如下程序：
```
def f(a,b,c=3):
    print(a+b+c)
```
函数调用 f(3,3)的返回值是（　　）。
　　A．3　　　　　　　　B．333　　　　　　　C．9　　　　　　　　D．27
8．阅读如下程序：

```
>>> x=1
>>> def f():
        x=x+1
>>> f()
```

函数 f()的返回值是（　　）。

    A．1   B．2   C．3   D．异常

9．阅读如下程序：

```
>>> x=1
>>> def f(a):
        a=a+1
        print(a)
>>> f(x)
2
>>> x
```

x 的值是（　　）。

    A．0   B．1   C．2   D．3

10．阅读如下程序：

```
>>> x=[1,2,3,4,5]
>>> def f(a):
        a[3]=a[3]+1
        print(a[3])
>>> f(x)
5
>>> x
```

x 的值是（　　）。

    A．[1, 2, 3, 4, 5]   B．[1, 3, 3, 5, 5]   C．[1, 2, 4, 5, 5]   D．[1, 2, 3, 5, 5]

二、编程题

1．自定义一个判断某个数是否是素数的函数，然后调用这个函数判断输出 1000~2000 之间所有的素数。

2．设置密码时一般包含四种字符，分别为数字、小写字母、大写字母和其他字符（除数字、小写字母、大写字母外的字符），如果密码中只包含四种字符中的一种，一般认为是弱密码；如果密码中包含四种字符中的两种，一般认为是普通密码；如果密码中包含四种字符中的三种，一般认为是中等密码；如果密码中包含四种字符中的四种，一般认为是高强度密码。自定义一个判断密码安全性级别的函数。

3．恺撒加密算法是一种替换加密的技术，明文中的所有大小写字母都在字母表上向后（或向前）按照一个固定数目（偏移量）进行偏移后被替换成密文。自定义恺撒加密算法的函数。

4．使用辗转相除法，自定义一个求两个整数最大公约数的函数。

5．内置函数 sorted()的功能是实现对所有可迭代的对象进行排序，编写程序自定义一个可以实现相同功能的函数。

第 6 章　文件操作

　　Python 程序的运行一般都是从键盘读取数据，在屏幕上显示数据。程序所使用的数据很大一部分是存储在计算机内存中的，内存中的数据在程序结束或关机后就会消失。如果运行程序时需要读取的数据量比较大，或只希望当计算机重新运行程序时，以前的数据还可以被多次利用，就需要把数据以文件的形式存储在硬盘、U 盘、光盘等存储介质中。计算机系统中处理的各种文档、图形、图像、音频、视频、动画都是以文件的形式存储，程序可以对这些文件进行读、写等各种操作，还可以设置文件的可见、可读等属性。本章将学习使用 Python 在磁盘上创建、读写和关闭文件。

6.1　文件概述

6.1.1　I/O 操作概述

　　I/O 在计算机中是指 Input/Output，也就是数据的输入和输出。这里的输入和输出是相对于内存来说的，Input（输入）是指数据从键盘、磁盘、网络等输入到内存，Output（输出）是指数据从内存输出到外部显示器、磁盘、网络等。程序运行时，数据都在内存中驻留，由中央处理器（CPU）进行管理和控制，涉及数据交换的地方需要 I/O 接口。

6.1.2　文件

　　文件是存储在外介质上的可以永久保存的数据的集合。Windows 系统的数据文件按照编码方式分为两大类：文本文件和二进制文件。要访问文件中的数据，首先必须通过文件名查找相应的文件。用户可以通过文件的标识查找文件，文件标识包括文件路径、主文件名和文件扩展名三部分，文件路径表示存储的位置，主文件名表示文件的唯一标识，扩展名表示文件的类型。文件标识如图 6.1 所示。图 6.1 中，文件路径为 E:\py，文件名为 program1，扩展名为.py。

图 6.1　文件标识

6.2　文件的打开和关闭

6.2.1　文件的打开

　　在 Python 中访问文件，首先需要创建文件对象。当使用 open()函数打开或建立文件时，会建立文件与程序之间的连接，并返回文件对象。通过文件对象可以执行文件上的所有后续操作。

open()函数打开文件的语法格式如下：

f=open(filename[,mode[,buffering] [,encoding]])

其中，f 是 open()函数返回的文件对象；参数 filename（文件名）是必需的参数，它既可以是绝对路径，也可以是相对路径；mode 是访问模式，访问模式是可选的。例如，打开一个名称为 file1.txt 的文件的示例代码如下：

f = open('file1.txt')

这里'file1.txt'是相对路径，这条命令默认以可读的方式打开当前路径下的 file1.txt 文件。"读"模式是 Python 打开文件的默认模式，以"读"模式打开文件时，文件必须存在，否则会出现 FileNotFoundError 异常信息。当文件以"读"模式打开时，只能从文件中读取数据而不能向文件写入或修改数据。mode 是文件的访问模式，如果需要向打开的文件写入数据，必须指明文件的访问模式。encoding 表示文件的编码方式。Python 中的访问模式有很多，具体见表 6.1。

表 6.1　文件访问模式

模式	描述
t	文本格式（默认）
x	写模式，新建一个文件，如果该文件已存在则会报错
b	二进制模式
+	打开一个文件进行更新（可读可写）
U	通用换行模式（不推荐）
r	以只读方式打开文件，文件的指针将会放在文件的开头，这是默认文件操作模式
rb	以二进制格式打开一个文件用于只读。文件指针将会放在文件的开头，是默认模式，一般用于非文本文件，如图片等
r+	打开一个文件用于读写，文件指针将会放在文件的开头
rb+	以二进制格式打开一个文件用于读写。文件指针将会放在文件的开头。一般用于非文本文件，如图片等
w	打开一个文件只用于写入。如果该文件已存在则打开文件，并从开头开始编辑，即原有内容会被删除；如果该文件不存在，创建新文件
wb	以二进制格式打开一个文件只用于写入。如果该文件已存在则打开文件，并从开头开始编辑，即原有内容会被删除；如果该文件不存在，创建新文件。一般用于非文本文件，如图片等
w+	打开一个文件用于读写。如果该文件已存在则打开文件，并从开头开始编辑，即原有内容会被删除；如果该文件不存在，创建新文件
wb+	以二进制格式打开一个文件用于读写。如果该文件已存在则打开文件，并从开头开始编辑，即原有内容会被删除；如果该文件不存在，创建新文件。一般用于非文本文件，如图片等
a	打开一个文件用于追加。如果该文件已存在，文件指针将会放在文件的结尾，即新的内容将会被写入已有内容之后；如果该文件不存在，创建新文件进行写入

模式	描述
ab	以二进制格式打开一个文件用于追加。如果该文件已存在，文件指针将会放在文件的结尾，即新的内容将会被写入已有内容之后；如果该文件不存在，创建新文件进行写入
a+	打开一个文件用于读写。如果该文件已存在，文件指针将会放在文件的结尾，文件打开时会是追加模式；如果该文件不存在，创建新文件用于读写
ab+	以二进制格式打开一个文件用于追加。如果该文件已存在，文件指针将会放在文件的结尾；如果该文件不存在，创建新文件用于读写

文件在打开的过程中可能因为受到操作权限、存储容量等因素的影响，导致文件打开失败，文件关闭无法被执行，进而导致文件资源一直被该程序占用而无法释放。因此，我们在打开文件的时候一般使用上下文关键字 with，示例如下：

```
With open('file1.txt') as f:
    f.write("Hello world!")
```

使用上下文关键字 with 可以实现资源的自动管理，在文件打开过程中，一旦出现异常情况，程序总能保证文件被正确关闭，而且在程序执行完后自动还原现场。

6.2.2　文件的关闭

文件使用后，需要调用 close()函数将其关闭。关闭文件将取消程序和文件间的连接，内存缓冲区的所有内容将被写入磁盘，可以确保信息不会丢失。close()函数的使用非常简单，具体示例如下：

```
f=open("file1.txt")
f.close()
```

6.3　文件的读写操作

在程序开发中，经常要对文件进行读写操作。注意文件被打开后，才能读写文件数据。读取文件数据可通过调用文件对象的多个方法实现，常见的文件对象方法见表 6.2。

表 6.2　常用的文件对象方法

序号	方法	描述
1	read([size])	从文本文件对象中读取 size 个字符或从二进制文件对象中读取 size 个字节，如果没有 size 参数则读取所有数据
2	readline()	从文本文件对象中读取一行数据
3	readlines()	从文本文件对象中读取所有行数据，返回列表
4	write(s)	把字符串 s 写入文件对象
5	writelines(s)	把列表 s 中的每个列表元素写入文件对象
6	seek(offset[,whence])	移动文件对象的指针，参数 offset 表示指针移动的偏移量，whence 表示指针移动的起始位置（0：文件头；1：当前位置；2：文件尾）
7	tell()	返回当前文件对象指针的位置

序号	方法	描述
8	close()	关闭文件，文件不能再进行操作
9	flush()	把缓存区中的数据写入文件
10	truncate([size])	从当前文件指针位置截取文件对象 size 个字节的数据

6.3.1　读取文件

从文件对象中读取文件数据主要有 3 个方法：read()方法、readline()方法、readlines()方法，具体如下。

1. read()方法

read()方法的参数可有可无，其中不设置任何参数的 read()方法将整个文件的内容读取为一个字符串。当 read()方法一次性读取文件的全部内容时，需要占用同样大小的内存，具体见例 6-1。

例 6-1　调用 read()方法读取 test.txt 文件中的内容。程序代码如下：

```
f= open('file1.txt')
fContent= f.read()
f.close()
print(fContent)
```

程序运行的输出结果如下：

```
Hello world!
```

read()方法也可以设置参数，如限制 read()方法一次返回数据的大小，具体见例 6-2。

例 6-2　设置参数，每次读取文件 file1.txt 中的 5 个字符，直到读完所有字符。程序代码如下：

```
f= open('file1.txt')
fContent=""
while True:
    fragment= f.read(5)
    if fragment == "":   #或者 if not fragment
        break
    fContent += fragment
f.close()
print(fContent)
```

程序运行的输出结果如下：

```
Hello world!
```

在例 6-2 中，当读到文件结尾时，read()方法会返回空字符串，此时 fragment==""成立，程序退出循环。

2. readline()方法

使用 readline()方法可以一行一行地读取文件中的数据，具体见例 6-3。

例 6-3　调用 readline()方法读取 file1.txt 文件中的数据。程序代码如下：

```
f = open("file1.txt")
```

```
fContent=""
while True:
    fragment= f.readline()
    if line == "":    #或者 if not line
        break
    fContent += fragment
f.close()
print(fContent)
```

程序的输出结果如下：

```
Hello world!
```

在例 6-3 中，当读取到文件结尾时，readline()方法返回空字符串，程序运行 break 后跳出循环。

3. readlines()方法

如果文件的内容不多，可以使用 readlines()方法一次性读取整个文件中的内容。readlines()方法会返回一个列表，列表中的每个元素为文件中的一行数据。若 file1.txt 文件中有 3 行"Hello world!"，用 readline()方法读取该文件的程序示例见例 6-4。

例 6-4　使用 readlines()方法读取 file1.txt 文件内容。程序代码如下：

```
f= open('file1.txt')
fContent= f.readlines()
for line in fContent:
    print(line)
f.close()
```

程序运行的结果如下：

```
Hello world!
Hello world!
Hello world!
```

readlines()方法也可以通过设置参数指定一次读取的字符数。

6.3.2　写文件

写文件时，也需要创建与文件对象的连接。读文件时不允许写文件，写文件时不允许读文件。当文件以"写"或"追加"的模式打开时，如果文件不存在，则创建文件；而以"读"模式打开文件时，若文件不存在，则将出现错误。

例 6-5　以可写的方式打开文件 test.txt 并同时读文件。程序代码如下：

```
fileobj = open("test.txt","w")    #以 w 写模式打开已有文件时会覆盖原有文件内容
fileContent = fileobj.read()
Traceback (most recent call last):
    File "D:/py/fileTest.py", line 2, in <module>
fileContent = fileobj.read()
io.UnsupportedOperation: not readable
```

例 6-6　以写模式打开 file1.txt 文件，然后将其关闭，再重新打开文件读数据。程序代码如下：

```
f = open("file1.txt","w")    #以 w 写模式打开已有文件时会覆盖原有文件内容
f.close()
```

```
f = open("test.txt")
fContent = f.read()
print(len(fContent))
f.close()
```

程序的运行结果如下：

```
0
```

从上述结果可以看出，文件的原有内容被清空，所以再次读取文件内容时文件长度为 0。

写文件主要有 2 个方法：write()方法 writelines()方法，具体如下。

1. write()方法

例 6-7 调用 write()方法写文件。程序代码如下：

```
f = open("file1.txt","w")
f.write("First line.\nSecond line.\n")
f.close()
f = open("file1.txt","a")      #以 a 追加模式打开文件
f.write("Third line.")
f.close()
f = open("file1.txt")
fContent = f.read()
f.close()
print(fContent)
```

程序的运行结果如下：

```
First line.
Second line.
Third line.
```

以写模式打开 file1.txt 文件时，原有内容被覆盖。write()方法将字符串写入文件，"\n"代表换行符。实际应用中，文件读写可以实现很多功能，如文件的备份就是文件读写的过程。

例 6-8 文件备份。复制文件 oldfile 中的数据到 newfile 中，程序代码如下：

```
def copy_file(oldfile,newfile):
    oldfile=open(oldfile,"r")
    newfile=open(newfile,"w")
    while True:
        fContent=oldfile.read(50)
        if fContent=="":
            break
        newfile.write(fContent)
    oldfile.close()
    newfile.close()
    return
copy_file("file1.txt","file2.txt")
```

在上述代码中，当读到文件末尾时，fContent==""成立，此时程序执行 break 语句，退出循环。

2. writelines()方法

可以使用 writelines()方法向文件写入一个序列字符串列表，具体见例 6-9。

例 6-9　通过 writelines()方法实现向文件中写入列表。程序代码如下：

```
f=open("file2.txt","w")
list1=["aa","bb","cc","dd","ee"]
f.writelines(list1)
f.close()
```

例 6-9 程序的运行结果是生成一个 file2.txt 文件，其内容是 aabbccddee，可见没有换行。用 writelines()方法写入的序列必须是字符串序列，如果写入整数序列会产生错误。

6.4　文件的随机读写

默认情况下，文件的读写是从文件的开始位置进行的；在追加模式下，是从文件的末尾开始进行读写的。Python 提供了控制文件读写起始位置的方法，使得用户可以改变文件的读写操作位置。

1．通过 tell()方法获取文件当前的读写位置

例 6-10　使用 tell()方法获取 test.txt 文件当前的读写位置。程序代码如下：

```
f=open("file1.txt","w")
f.write("abcdefghijklmnopqrstuvwxyz")
f.close()
f=open("file1.txt")
print(f.read(2))
print(f.read(3))
print(f.tell())
f.close()
```

程序的运行结果如下：

```
ab
cde
5
```

在例 6-10 的代码里，f.tell()方法返回的是整数 5，表示文件当前位置和开始位置之间有 5 个字节的偏移量。

2．通过 seek()方法定位到文件的指定位置

seek()方法的语法格式如下：

```
seek(offset[,whence])
```

其中，offset 表示相对于 whence 的偏移量，是一个字节数；whence 表示方向，可以取以下 3 个值：

（1）0：表示文件开始处，也是默认取值。此时以文件开头为基准位置，字节偏移量必须是非负数。

（2）1：表示文件当前位置，以当前位置为基准位置时，偏移量可以取负值。

（3）2：表示文件结尾位置，即该文件的末尾位置被作为基准位置。

例 6-11　使用 seek()方法读取并输入 file1.txt 文件中对应的字符。程序代码如下：

```
f=open("file1.txt","w")
f.write("abcdefghijklmnopqrstuvwxyz")
f.close()
```

```
f=open("file1.txt","rb")
print(f.seek(5))
print(f.seek(5,1))
f.close()
```
程序的运行结果如下：
```
5
10
```
程序中 f.seek(5)表示从文件的开始位置定位，5 表示偏移量为 5 个字节，print(f.seek(5))的输出结果为 5。f.seek(5,1)表示从文件的当前位置（第 5 个字节）为基准位置，偏移量也是 5 个字节，所以 print(f.seek(5,1))输出的结果为 10。

6.5 常用 os 模块的文件方法和目录方法

Python 中的 os 模块提供了非常丰富的方法用来处理文件和目录，常用的方法见表 6.3。

表 6.3 常用的 os 文件方法和目录方法

序号	方法	描述
1	remove(path)	删除路径为 path 的文件。如果 path 是一个文件夹，将抛出 OSError 异常
2	removedirs(path)	递归删除目录
3	rename(src, dst)	重命名文件或目录（从旧名 src 改为新名 dst）
4	renames(old, new)	递归地对目录进行更名，也可以对文件进行更名
5	rmdir(path)	删除 path 指定的空目录，如果目录非空，则抛出一个 OSError 异常
6	mkdir(path)	创建目录
7	listdir(path)	返回 path 目录下的文件和目录信息
8	getcwd()	返回当前工作目录
9	chdir(path)	把 path 路径设置为当前工作目录
10	isdir(path)	判断 path 是否为目录
11	isfile(path)	判断 path 是否为文件
12	walk(top[, topdown=True[, onerror=None[, followlinks=False]]])	遍历的目录地址的文件和目录，返回一个包含路径名、目录和文件的元组

例 6-12 使用 os.walk()方法遍历指定目录。程序代码如下：

```
import os
def walkfile(path):
    if not os.path.isdir(path):
        print('Not a directory or does not exist.')
        return
    dirs=os.walk(path)
    for root,dirs,files in dirs:
```

```
        for d in dirs:
            print(os.path.join(root,d))
        for f in files:
            print(os.path.join(root,f))
walkfile(r'D:\test')
```

假如 D:\test 文件夹中有 a、b、c 三个子文件夹，a 文件夹中有一个文本文件 file1.txt，b
文件夹中有一个 Python 程序 p1.py，c 文件夹中有一个子文件 d，则程序的运行结果如下：

```
D:\test\a
D:\test\b
D:\test\c
D:\test\a\file1.txt
D:\test\b\p1.py
D:\test\c\d
```

6.6 二进制文件的操作

常见的图形图像、音视频、office 文档等都属于二进制文件，是按照一定的编码规则，以字
节串的形式进行存储的。Python 对二进制文件操作首先需要安装对应二进制文件操作的扩展库。

例 6-13 使用 Python 扩展库 openpyxl 读写 Excel 文件。程序代码如下：

```
import openpyxl
from openpyxl import Workbook

fn=r'd:\file1.xlsx'
wb=Workbook()
ws=wb.create_sheet(title='学生成绩')
ws['A1']='学号'
ws['B1']='姓名'
ws['C1']='成绩'
ws.append(["202101","张三",85])
ws.append(["202102","李四",98])
ws.append(["202103","王五",78])
wb.save(fn)
```

Excel 文件有两种扩展名：xls 和 xlsx。扩展名为 xls 的文件用 xlrd 扩展库，扩展名为 xlsx
的文件用 openpyxl 扩展库，所以首先需要安装和导入对应的扩展库。程序运行的结果是在 D
盘根目录下创建一个 Excel 文件"file1.xlsx"，在工作簿中创建一个"学生成绩"工作表，按
图 6.2 输入工作表中的数据。

例 6-14 使用 Python 扩展库 pillow 读取 JPEG 图像文件，提取图像轮廓后输出。程序代
码如下：

```
from PIL import Image
from PIL import ImageFilter
im=Image.open('image.jpg')
om=im.filter(ImageFilter.CONTOUR)
om.save('imageContour.jpg')
```

图 6.2　工作表数据

程序中需要操作的是 JPEG 图像文件，即输入二进制文件，Python 操作二进制需要先安装对应的扩展库 pillow，然后调用对应的函数和方法对二进制文件进行操作。图 6.3 为原始 JPEG 图像，图 6.4 为输出的轮廓图像。

图 6.3　原始 JPEG 图像

图 6.4　轮廓图像

6.7　文件程序设计举例

例 6-15　在文本文件中输入 n 个学生的成绩，包括学生的学号、姓名，语文、数学、英语成绩字段，统计每个学生的平均分和每门课程的平均分。

参考程序：

```
n=int(input("请输入学生人数："))
f=open(r'D:\scores.txt','w')
for i in range(n):
    num=input("请输入学号：")
    name= input("请输入姓名：")
    s1 = input("请输入语文成绩：")
    s2 = input("请输入数学成绩：")
    s3 = input("请输入英语成绩：")
    f.write(num+","+name+","+str(s1)+","+str(s2)+","+str(s3)+'\n')
f.close()
f=open(r'D:\scores.txt','r')
t1=t2=t3=0
while True:
    student=f.readline()
    if not student:
        break
    list1=student.strip().split(",")
    s=float(list1[2])+float(list1[3])+float(list1[4])
    aver=s/3
```

```
        print(list1[1],'的平均分为：',aver)
        t1=t1+float(list1[2])
        t2=t2+float(list1[3])
        t3=t3+float(list1[4])
f.close()
print("语文的平均分为：",t1/n)
print("数学的平均分为：",t2/n)
print("英语的平均分为：",t3/n)
```

例 6-16　编写程序，读取图 6.5 中 Excel 文件中保存的学生选课信息，通过数据分析找出哪两位同学最可能有共同的兴趣爱好。所谓有共同的兴趣爱好是指这两位同学共同选取的课程数量最多。

	A	B	
1	课程名称	任课教师	选修学生
2	美术	张强	李安安,周婷,张婷婷,张秋雨,钟斌
3	书法	李万能	李福才,张婷婷,陈能文,郭兰,李佳怡
4	音乐	徐满莲	周有才,张婷婷,张彩云,陶应华
5	计算机	刘海昆	赵思思,李顺利,张红英,曾云,胡忠成
6	足球	张军华	李天能,张红英,钟斌,张琴,李佳怡
7	法律	丘恒发	王在福,陈世龙,丘承达,陶应华
8	法语	罗成功	鲁娜,张婷婷,李春明,张琴,胡忠成
9	生物	郭亮	李山,李新利,罗先福,张秋雨,曾云,张彩云
10	物理	吴天	陈灿,李新利,石云,张秋雨,张琴,陶应华

图 6.5　原始数据

参考程序：

```
import openpyxl
from openpyxl import Workbook
from functools import reduce
from itertools import combinations

wb=openpyxl.load_workbook(r'D:\course.xlsx')
ws=wb.worksheets[0]
student=dict()
for index,row in enumerate(ws.rows):
    if index==0:
        continue
    cname,s=row[0].value,row[2].value.split(',')
    for a in s:
        student[a]=student.get(a,set())
        student[a].add(cname)
data=combinations(student.items(),2)
result=max(data,key=lambda item:len(reduce(lambda x,y:x&y,[k[1] for k in item])))
name=[item[0] for item in result]
num=len(reduce(lambda x,y:x&y,[item[1] for item in result]))
print("最可能有共同兴趣爱好的两位同学是：",name,"，共同选修相同的课程数为：",num)
```

程序的运行结果：

最可能有共同兴趣爱好的两位同学是：　['张秋雨', '李新利'] ，共同选修相同的课程数为：　2

6.8　本章小结

文件是程序中数据存储和操作的主要形式，分为文本文件和二进制文件。文件在计算机上的物理存储都是二进制的，所以文本文件和二进制文件的区别并不在物理存储上，文本文件是基于字符编码的文件，属于纯文本文件，常见的编码有 ASCII、Unicode、UTF8 等，而二进制文件主要是指各种图形图像、音视频等。文件的操作主要包括打开、读写、追加等，包括对目录的新建、删除、遍历操作。

6.9　习题

一、选择题

1．Python 语言中上下文管理的关键字是（　　）。
    A．def   B．with   C．else   D．local

2．下列选项中表示以追加模式对文件进行操作的是（　　）。
    A．r   B．w   C．x   D．a

3．文件对象的 seek()方法的第一个参数表示偏移量，第二个参数为 1 时表示（　　）。
    A．从文件头开始计算   B．从文件尾开始计算
    C．从当前位置开始计算   D．从第 1 个字节开始计算

4．阅读如下程序：
```
s='广东省梅州市 JYU'
with open(r'D:\f1.txt','w') as f:
    f.write(s)
f=open(r'D:\f1.txt','r')
print(f.read(3))
f.close()
```
程序运行结果为（　　）。
    A．广东省   B．梅州市   C．JYU   D．异常

5．阅读如下程序：
```
s='广东省梅州市 JYU'
with open(r'D:\f1.txt','w') as f:
    f.write(s)
f=open(r'D:\f1.txt','r')
f.seek(12)
print(f.read())
f.close()
```
程序运行结果为（　　）。
    A．广东省   B．梅州市   C．JYU   D．异常

6．把文件路径 path 设置为当前目录的方法是（　　）。

    A．chdir(path)　　　　B．getcwd(path)　　C．mkdir(path)　　　　D．isdir(path)

7．文件对象（　　）方法可以把文本文件所有行存入列表中。

    A．read()　　　　　　B．readline()　　　C．readlines()　　　　D．write()

8．文件读写操作过程中，可能出现异常的因素不包括（　　）。

    A．文件操作权限　　　　　　　　　B．磁盘存储容量

    C．文件或目录不存在　　　　　　　D．文件属于二进制文件

9．下列哪种方法不能实现对文件目录进行操作（　　）。

    A．read()　　　　　　B．listdir()　　　　C．chdir()　　　　　D．getcwd()

10．阅读如下程序：

```
s=[12,7,9,3,2]
with open('f.txt','w') as f:
    for n in s:
        f.write(str(n))
        f.write('\n')
with open('f.txt','r') as f:
    d=f.readlines()
d.sort(key=int)
for n in d:
    print(int(n))
```

输出结果的顺序是（　　）。

    A．12,7,9,3,2　　　B．12,9,7,3,2　　　C．2,3,7,9,12　　　D．2,3,9,7,12

二、编程题

1．文本文件 file1.txt 中有 n 行，每行为一个整数（可自己设定），编写程序读取 file1.txt 中的数据，按照从小到大的顺序排列后保存到 file2.txt 文本文件中。

2．编写程序，输入一个目录或文件的路径，判断这个目录或文件是否在 D:\a 中。

3．编写程序，输入一个目录，递归遍历这个目录（不使用 walk()方法），输出这个目录下所有目录和文件的路径。

4．编写程序，统计 C 盘根目录下所有扩展名为 txt 的文件的数量。

5．查阅 Python 语言扩展库的相关材料，编写一个可对二进制数字图像文件进行相关操作的程序。

第 7 章　模块

在编程的过程中，随着代码越写越多，如果将所有代码写在一个文件里，则文件就会越来越大，程序也越来越不容易维护。为了编写可维护的代码，可将代码进行适当组织，然后将其分别放到不同的文件里，这样每个文件包含的代码就相对较少。很多编程语言都采用这种组织代码的方式。

Python 中的模块和 C 语言中的头文件以及 Java 中的包类似，例如在 C 语言中，如果要使用 sqrt 函数，必须用语句"#include <math.h>"引入 math.h 这个包含数学运算的头文件，否则程序将无法使用 sqrt 函数。同理，在 Python 中要调用 sqrt 函数必须用 import 关键字引入 math 这个模块。例如，关于数学运算的函数都放到了一个 math.py 文件中，如果要调用 sqrt 函数，可以使用 import 关键字引入这个模块。模块就好比是工具包，要想使用这个工具包中的工具（函数），就需要导入这个模块。

7.1　模块的使用

模块是 Python 程序的基本组织单元，它可以将程序代码或数据封装起来以便使用。在 Python 中，一个扩展名为".py"的文件就称为一个模块。为了能更好地组织代码，模块之间可以进行导入。如果一个模块导入了其他的模块，那么该模块就可以使用导入模块中定义的变量或函数。

在 Python 中可以使用 import 关键字来导入某个模块。使用 import 导入模块的基本格式如下：

```
import 模块 [as 　别名]
```

通过别名也可以使用模块。（如果模块名比较长不容易记住，可以在导入模块时，使用 as 关键字为其设置一个别名）当解释器遇到 import 关键字时，会搜索当前路径找到后面的模块，那么该模块就会被自动导入。

使用 import 语句还可以一次导入多个模块，在导入多个模块时，模块名之间使用逗号（,）进行分隔，例如：

```
>>>import 模块 1，模块 2,...
```

如果要调用某个模块中的函数，必须这样引用：

```
模块名.函数名
```

因为在多个不同的模块中可能存在名称相同的函数，因此如果只是通过函数名来进行调用，解释器便无法知道到底要调用哪个模块中的函数。所以在调用函数的时候必须加上模块名。示例代码例如下：

```
>>>import math
>>>math.sqrt(2)
1.4142135623730951
```

import 关键字导入的是整个模块中所有的函数，有时候我们只需要用到模块中的某一个函数，此时可以使用 from 关键字实现只导入模块的这个函数。使用 from 的基本格式如下：

```
from  模块名  import 函数名 1,函数名 2,...
```

例如，要导入模块 math 的 sqrt 函数，可以使用如下语句：

```
from math import sqrt
```

通过这种方式导入函数的时候，调用函数时只需给出函数名，不用给出模块名，但是当两个模块中含有相同名称的函数的时候，后面一次导入会覆盖前面一次导入。也就是说，假如模块 A 中有函数 function，在模块 B 中也有函数 function，如果导入模块 A 中的 function 函数在先，导入模块 B 中的 function 函数在后，那么当调用 function 函数的时候，将执行模块 B 中的 function 函数。

如果想把一个模块的所有内容都导入当前的命名空间，只需使用如下格式：

```
from 模块名  import *
```

例如，要将 math 模块中的所有内容导入，可以使用如下语句：

```
from math import *
```

需要注意的是，虽然 Python 提供了简单的方法来导入一个模块中的所有项目，但是过多地使用这种方法容易造成命名空间冲突。

一般来说，Python 中的模块具有以下功能：

（1）代码重用。模块其实就是一个文件，可以在文件中永久地保存代码。可以根据需要任意次数地重新载入和运行模块。模块也可以被多个外部的客户端使用。

（2）系统命名空间的划分。模块是 Python 中最高级别的程序组织单元，类似于实现函数功能的软件包。模块将具有一定功能的函数封装到相关的软件包中，这样可以避免函数名的冲突，如果不导入模块就不能使用此模块中的函数。事实上，Python 中执行的代码以及创建的对象都被封装在模块之中。因此，模块是 Python 构建大中型项目的重要工具。

7.2　自定义模块

模块是一个包含 Python 定义和语句的文件。每个 Python 文件都可以作为一个模块，模块的名字也就是文件的名字。在一个模块内部，模块名一般用一个字符串表示，可以通过全局变量"__name__"的值获得。

例 7-1　创建一个用于根据身高、体重计算 BMI 指数（体重指数）的模块，命名为 bmi.py，其中 bmi 为模块名，".py"是扩展名

```
#计算 BMI 指数的模块
def gn_bmi(height,weight):
    print(str(height)+"米\t 体重："+ str(weight)+"千克")
    bmi=weight/(height*weight)        #用于计算 BMI 指数
    print("BMI 指数为："+str(bmi))    #输出 BMI 指数
    nat = ""
    if bmi < 18.5:
        nat = "偏瘦"
    elif 18.5 <= bmi < 24:
        nat = "正常"
    elif 24 <= bmi < 28:
```

```
            nat = "偏胖"
        else:
            nat = "肥胖"
        print("BMI 指标为：国内{0}".format(nat))
def gj_bmi(height,weight):
    print(str(height)+"米\t  体重： "+ str(weight)+"千克")
    bmi=weight/(height*weight)              #用于计算 BMI 指数
    print("BMI 指数为："+str(bmi))          #输出 BMI 指数
    who = ""
    if bmi < 18.5:
        who = "偏瘦"
    elif 18.5 <= bmi < 25:
        who = "正常"
    elif 25 <= bmi < 30:
        who = "偏胖"
    else:
        who = "肥胖"
    print("BMI 指标为：国际'{0}'".format(who))
```

创建模块后，就可以在其他程序中使用该模块了，要使用模块首先需要用 import 语句加载模块中的代码，示例如下：

```
>>> import bmi
>>> bmi.__name__
'bmi'
```

上述代码中 import 语句后面的 bmi 即上述 bmi.py 文件名字中的 bmi。导入模块后，我们可以通过模块的"__name__"属性来查看模块名。

可以通过以下方式访问 bmi 模块中的两个函数。

```
import bmi
bmi.gn_bmi(1.75,120)
```

运行结果如下：

```
1.75 米    体重：120 千克
BMI 指数为：0.5714285714285714
BMI 指标为：国内偏瘦
```

在使用 bmi 模块中定义的函数时，上述代码并没有直接使用函数的名字进行访问，而是使用 import 语句导入模块，然后使用模块名访问这些函数。

模块中可以包含可执行的语句或定义函数，模块中的语句在第一次使用 import 语句时导入。除了能够使用 import 关键字导入模块之外，还可以使用 from 关键字直接把函数名导入当前模块中，如：

```
from bmi import gn_bmi,gj_bmi
gj_bmi(1.75,130)
```

上述语句直接导入 bmi 模块中的两个函数 gn_bmi 和 gj_bmi。

例 7-2　如果想在 main.py 文件中使用 test.py 文件中的 add 函数，可以使用"from test import add"语句来导入。下述代码为 main.py 文件中的内容。

```
from test import add
result = add(11,22)
```

```
print(result)
```
运行上述代码输出结果如下：
```
33
```
如果想导入模块中的所有函数，可以使用通配符"*"，如：
```
from bmi import *
gn_bmi(1.75,120)
```
建议尽量不使用通配符"*"导入模块，因为那样会在解释器中引入一些未知的名称，后导入的内容会覆盖先导入的内容，这会导致代码的可读性很差。

另外，如果模块名称很长可以使用 as 关键字，as 之后的名称将直接绑定到所导入的模块，例如：
```
import bmi as bm
bm.gn_bmi(1.75,120)
bm.gj_bmi(1.75,140)
```
与"import bmi"方式一样，使用 as 关键字能够有效地导入模块，唯一的区别是，通过"as bm"方式，模块的名称被命名为 bm，然后便可使用 bm 调用模块中的函数。

7.3 安装引用其他模块

在 Python 中，除了可以自定义模块外，还可以引用其他模块，主要包括使用标准模块和第三方模块，这也是 Python 的强大之处。

7.3.1 导入和使用标准模块

Python 提供的大量标准模块（也可以称为标准库）可以用来完成很多工作，这些标准模块包括计时模块、生成随机数模块、数学模块以及很多其他功能模块，标准库随 Python 安装包一起发布，用户可以随时使用。为了提高程序运行的效率，用户只需要直接使用 import 语句导入程序中需要用到的模块即可。有些内容（如 print、for 和 if-else）是 Python 的基本关键词，这些基本关键词不需要包含在单独的模块中，它们是 Python 解释器的主要组成部分，可以直接使用。

例如，导入标准模块 math 库（用于使用一些常用的运算函数），使用其中的 sqrt()函数求解平方根，代码如下：
```
import math
print(math.sqrt(4))
```
运行上述代码后的输出结果如下：
```
2.0
```
除了 math 模块外，Python 还提供了大约 200 多个内置标准模块，涵盖了 Python 运行时需要的服务、文字模式匹配、操作系统接口等。Python 常用的内置标准模块见表 7.1。

表 7.1 Python 常用的内置标准模块

模块名	描述
sys	与 Python 解释器及其环境操作相关的标准库。例如查看 Python 版本、系统环境变量、模块信息等

续表

模块名	描述
time	提供与时间相关的各种函数的标准库
os	提供访问操作系统服务功能的标准库
calendar	提供与日期相关的各种函数的标准库
re	用于在字符串中执行正则表达式的匹配和替换
json	用于使用 JSON 序列化和反序列化对象
math	提供算术运算函数的标准库
decimal	用于进行精确控制运算精度、有效数位和四舍五入操作的十进制运算
shutil	用于进行高级文件操作，如复制、移动和重命名等
logging	提供了灵活的记录事件、错误、警告和调试信息等日志信息的功能
urllib	用于读取来自网上（服务器上）的数据的标准库
tkinter	进行 GUI 编程的标准库

7.3.2 常用标准模块

1. time 模块

利用 time 模块能够获取计算机的时钟信息，如日期和时间，还可以利用该模块为程序增加延迟（有时计算机执行速度太快，根据任务要求必须让它慢下来）。

time 模块中的 sleep()函数可以用来增加延迟，让程序什么也不做，等待一段时间，类似让程序进入睡眠状态，因此这个函数名叫 sleep。该函数可以设置计算机的延迟时间（秒），如下面代码所示：

```
import time
print("Hello")
time.sleep(2)
print("word")
time.sleep(2)
print("Hello")
time.sleep(2)
print("python")
```

执行该程序后，程序会每隔 2 秒输出一个单词。

2. random 模块

随机数在计算机应用中十分常见，Python 内置的 random 模块用于生成随机数，该功能在游戏和仿真系统中非常有用。random 模块的常用函数见表 7.2。

表 7.2　random 模块的常用函数

函数	描述
seed(a=None)	初始化随机数种子，默认值为当前系统时间
random()	生成一个[0.0,1.0)之间的随机小数

函数	描述
randint(a,b)	生成一个[a,b]之间的整数
getrandbits(k)	生成一个 k 比特长度的随机整数
randrange(start,stop[,step])	生成一个[start,stop)之间以 step 为步数的随机整数
choice(seq)	从序列类型数据，例如列表中随机返回一个元素
uniform(a.b)	生成一个[a,b]之间的随机小数
shuffle(seq)	将序列类型数据中的元素随机排列，返回打乱后的序列
sample(pop,k)	从 pop 类型数据中随机选取 k 个元素，以列表类型数据返回

使用 random 模块的样例如下：

```
>>> import random
>>> print(random.randint (0,100))
11
>>> print(random.randint(0,100))
63
```

每次使用 random.randint()函数时，将会得到一个新的随机整数。在上述代码中，由于为 random.randint()传递的参数是 0 和 100，所以得到的整数会介于 0~100 之间。

如果想得到一个随机的小数，可以使用 random.random()函数，不用在括号里放任何参数，因为 random.random()会提供一个 0 和 1 之间的数。请参考下述代码：

```
>>> print(random.random())
0.270985467261
>>> print(random.random())
0.569236541309
```

如果想得到其他范围的随机数，例如 0 和 10 之间的随机数，只需要将结果乘以 10 即可。具体参见下述代码：

```
>>>print(random.random())*10
3.61204895736
>>> print(random.random())*10
8.10985427783
```

7.3.3　第三方模块的下载与安装

如果 Python 标准模块中没有提供合适的模块，用户可以从外部下载、安装一些模块，并将其导入自己的程序，即第三方模块（也称为第三方库）。在 Python 中安装第三方模块是通过包管理工具 pip 完成的。pip 是 Python 官方提供并维护的在线第三方库安装工具。对于 Windows 操作系统，可以在命令提示符窗口下尝试运行 pip，如果 Windows 提示未找到命令，可以将 pip 添加到环境变量中。

执行"pip –h"命令将列出 pip 常用的子命令（注意不要在 IDLE 环境下运行 pip 程序），示例如下：

```
>pip -h
Usage:
```

```
pip <command> [options]
Commands:
    install          Install packages.
    download         Download packages.
    uninstall        Uninstall packages.
    freeze           Output installed packages in requirements format.
    list             List installed packages.
    show             Show information about installed packages.
    check            Verify installed packages have compatible dependencies.
    config           Manage local and global configuration.
    search           Search PyPI for packages.
    cache            Inspect and manage pip's wheel cache.
    wheel            Build wheels from your requirements.
    hash             Compute hashes of package archives.
    complet          A helper command used for command completion.
    debu             Show information useful for debugging.
    help             Show help for commands.
```

其中最为常用的是 pip 安装（install）、下载（download）、卸载（uninstall）、列表（list）、查看（show）、查找（search）等一系列安装和维护子命令。

安装一个第三方库的命令格式如下：

```
pip install <拟安装库名>
```

一般来说，第三方库都会在 Python 官方的 pypi. org 网站注册，要安装一个第三方库，必须先知道该库的名称（可以在官网或者 pypi 上进行搜索），例如安装 pygame 库时，pip 工具默认从网络上下载 pygame 库安装文件并自动安装到系统中，代码如下：

```
>pip install pygame
……
Installing collected packages: pygame
Successfully installed pygame-2.1.2
```

卸载一个库的命令格式如下：

```
pip uninstall <拟卸载库名>
```

例如，卸载 pygame 库，卸载过程可能需要用户确认，代码如下：

```
> pip uninstall pygame
Found existing installation: pygame 2.1.2
Uninstalling pygame-2.1.2:
……
Proceed (Y/n)? y
    Successfully uninstalled pygame-2.1.2
```

可以通过 list 命令列出当前系统中已经安装的第三方库，具体命令为"pip list"。执行效果如下，部分结果省略：

```
>pip list
Package            Version
----------------- ---------
beautifulsoup4     4.9.3
bs4                0.0.1
```

certifi	2021.5.30
chardet	4.0.0
……	

7.4　本章小结

本章主要介绍了 Python 中的模块（自定义模块、第三方模块）的使用及如何安装第三方模块。在 Python 中，一个模块就对应一个文件，在实际编程中可以将代码进行适当组织后分别放到不同的模块里。通过本章的学习，希望读者能够掌握模块的使用方法，以便在以后的工作中能够灵活地借助第三方模块实现所需的功能。

7.5　习题

一、选择题

1．下列关键字中，用来引入模块的是（　　）。

    A．include　　　　　B．from　　　　　　C．import　　　　　　D．continue

2．下列选项中，用于从 random 模块中导入 randint 函数的语句是（　　）。

    A．import randint from random　　　　　B．import random from randint

    C．from randint import random　　　　　　D．from random import randint

二、简答题

1．简述模块的概念。

2．简述导入模块的方法。

3．简述如何在 Python 中使用第三方模块。

三、编程题

1．设计一个调用系统模块 time 的简单程序。

2．编写一个模块并对其进行调用

第8章　综合应用

8.1　NumPy 数值计算基础

8.1.1　NumPy 简介

NumPy 是 Numerical Python 的简称，它是 Python 数组计算、矩阵运算和科学计算的第三方库，NumPy 支持大量的高级维度数组与矩阵运算，此外也针对数组运算提供大量的数学函数库。NumPy 被广泛地应用于数据分析、机器学习、图像处理和计算机图形学、数学任务等领域当中。

NumPy 库处理的最基础数据类型是由同种元素构成的多维数组（ndarray），简称"数组"。数组中所有元素的类型必须相同，数组中元素可以用整数索引，序号从 0 开始。ndarray 类型的维度叫作轴（axis），轴的个数叫作秩（rank）。一维数组的秩为 1，二维数组的秩为 2，二维数组相当于由两个一维数组构成。

在导入 NumPy 库时，可以通过 as 将 np 作为 NumPy 的别名，导入方式如下：

```
import numpy as py
```

8.1.2　创建数组

NumPy 库常用的数组创建（ndarray 类型）函数共有 7 个，见表 8.1。

表 8.1　NumPy 库常用的数组创建函数

函数	描述
np.array([x,y,z] dtype=int)	从列表和元组创造数组
np.arange(x,y,i)	创建一个由 x 到 y，以 i 为步长的数组
Np. linspace(x,y,n)	创建一个由 x 到 y，等分成 n 个元素的数组
np.indices((m,n))	创建一个 m 行 n 列的矩阵
np.random.rand(m,n)	创建一个 m 行 n 列的随机数组
np.ones((m,n),dtype)	创建一个 m 行 n 列全 1 的数组，dtype 是数据类型
np.empty((m,n),dtype)	创建一个 m 行 n 列全 0 的数组，dtype 是数据类型

（1）创建简单数组。NumPy 创建简单的数组主要使用 array()函数，它可以将列表、元组、嵌套列表、嵌套元组等给定的数据结构转化为数组，实例代码如下：

```
>>>#1.先预定义列表 d1，元组 d2，嵌套列表 d3、d4 和嵌套元组 d5
>>>d1=[1,2,3,4,0.5,7]              #列表
>>>d2=(1,2,3,4,2.5)               #元组
>>>d3=[[1,2,3,4],[5,6,7,8]]        #嵌套列表，元素为列表
```

```
>>>d4=[(1,2,3,4),(5,6,7,8)]          #嵌套列表，元素为元组
>>>d5=((1,2,3,4),(5,6,7,8))          #嵌套元组
>>>#2.导入 NumPy，并调用其中的 array()函数，创建数组
>>>import numpy as np
>>>d11=np.array(d1)
>>>print(d11)
>>>d21=np.array(d2)
>>>print(d21)
>>>d31=np.array(d3)
>>>print(d31)
>>>d41=np.array(d4)
>>>print(d41)
>>>d51=np.array(d5)
>>>print(d51)
```

执行结果如下：

```
[1.  2.  3.  4.  0.5 7. ]
[1.  2.  3.  4.  2.5]
[[1 2 3 4]
 [5 6 7 8]]
[[1 2 3 4]
 [5 6 7 8]]
[[1 2 3 4]
 [5 6 7 8]]
```

创建一个简单的数组后，可以查看 ndarray 类的基本属性，具体见表 8.2。

表 8.2　ndarray 类的常用属性

属性	描述
ndarray.ndim	数组轴的个数，也被称作秩
ndarray.shape	返回一个元组。这个元组的长度就是维度的数目，即 ndim 属性（秩）
ndarray.size	数组元素的总个数
ndarray.dtype	数组元素的数据类型，dtype 类型可以用于创建数组
ndarray.itemsize	数组中每个元素的字节大小
ndarray.data	包含实际数组元素的缓冲区地址
ndarray.flat	数组元素的迭代器

实例代码如下：

```
>>>import numpy as np
>>>arr=np.array([[0,1,2],[3,4,5]])
>>>b=arr.dtype
>>>print(b)
```

执行结果如下：

```
int32
```

接上例继续输入代码如下：

```
>>> arr.ndim
```

执行结果如下：

```
2
```

接上例继续输入代码如下：

```
>>> arr.shape
```

执行结果如下：

```
(2, 3)
```

（2）创建特殊数组。利用内置函数可以创建一些特殊的数组。例如，可以利用 ones(n,m) 函数创建 n 行 m 列元素全为 1 的数组，利用 zeros(n,m)函数创建 n 行 m 列元素全为 0 的数组，利用 arange(a,b,c)创建以 a 为初始值，b-1 为末值，c 为步长的一维数组。其中参数 a 和 c 可省，这时 a 取默认值为 0，c 取默认值为 1。实例代码如下：

```
import numpy as np
zl=np.ones((4,4))        #创建 4 行 4 列元素全为 1 的数组
print(zl)
z2=np.zeros((2,3))       #创建 2 行 3 列元素全为 0 的数组
print(z2)
z3=np.arange(10)         #创建默认初始值为 0，默认步长为 1，末值为 9 的一维数组
print(z3)
z4=np.arange(2,10)       #创建默认初始值为 2，默认步长为 1，末值为 9 的一维数组
print(z4)
z5=np.arange(2,10,2)     #创建默认初始值为 2，步长为 2，末值为 9 的一维数组
print(z5)
```

执行结果如下

```
[[1. 1. 1. 1.]
 [1. 1. 1. 1.]
 [1. 1. 1. 1.]
 [1. 1. 1. 1.]]
[[0. 0. 0.]
 [0. 0. 0.]]
[0 1 2 3 4 5 6 7 8 9]
[2 3 4 5 6 7 8 9]
[2 4 6 8]
```

8.1.3　数组尺寸

数组尺寸也称为数组的大小，通过行数和列数来表现。通过数组中的 shape 属性，可以返回数组的尺寸，其返回值为元组。如果是一维数组，返回的元组中仅有一个元素，代表这个数组的长度，如果是二维数组，返回的元组中有两个值，第一个值代表数组的行数，第二个值代表数组的列数。实例代码如下：

```
d1=[1,2,3,4,0.5,7]            #列表
d3=[[1,2,3,4],[5,6,7,8]]      #嵌套列表，元素为列表
import numpy as np
d11=np.array(dl)              #将 d1 列表转换为一维数组，结果赋给变量 d11
print(d11)
d31=np.array(d3)             #将 d3 嵌套列表转换为二维数组，结果赋给变量 d31
print(d31)
```

```
del d1,d3              #删除 d1、d3
s11=d11.shape          #返回一维数组 d11 的尺寸，结果赋给变量 s11
print(s11)
s31=d31.shape          #返回二维数组 d31 的尺寸，结果赋给变量 s31
print(s31)
```

执行结果如下：

```
[1.  2.  3.  4.  0.5 7.]
[[1 2 3 4]
 [5 6 7 8]]
(6,)
(2, 4)
```

从结果可以看出一维数组 d11 的长度为 6，二维数组 d31 的行数为 2，列数为 4。在程序应用过程中，有时候需要将数组进行重排，可以通过 reshape()函数来实现，实例代码如下：

```
import numpy as np
r=np.array(range(9))       #一维数组
print(r)
rl=r.reshape((3,3))        #重排为 3 行 3 列
print(rl)
```

执行结果如下：

```
[0 1 2 3 4 5 6 7 8]
[[0 1 2]
 [3 4 5]
 [6 7 8]]
```

执行结果显示了通过 reshape()函数，将一维数组 r 转换为了 3 行 3 列的二维数组 rl

8.1.4　数组运算

数组的运算主要包括数组之间的加、减、乘、除、乘方运算，以及数组的数学函数运算，实例代码如下：

```
import numpy as np
A=np.array([[1,2],[3,4]])    #定义二维数组 A
print(A)
B=np.array([[5,6],[7,8]])    #定义二维数组 B
print(B)
C1=A-B       #A、B 两个数组元素之间相减，结果赋给变量 C1
print(C1)
C2=A+B       #A、B 两个数组元素之间相加，结果赋给变量 C2
print(C2)
C3=A*B       #A、B 两个数组元素之间相乘，结果赋给变量 C3
print(C3)
C4=A/B       #A、B 两个数组元素之间相除，结果赋给变量 C4
print(C4)
C5=A/3       #A 数组所有元素除以 3，结果赋给变量 C5
print(C5)
C6=1/A       #1 除以 A 数组所有元素，结果赋给变量 C6
print(C6)
```

```
C7=A**2          #A 数组所有元素取平方，结果赋给变量 C7
print(C7)
C8=np.array([1,2,3,3.1,4.5,6,7,8,9])    #定义数组 C8
print(C8)
C9=(C8-min(C8))/(max(C8)-min(C8))    #对 C8 中的元素做极差化处理，结果赋给变量 C9
print(C9)
D=np.array([[1,2,3,4],[5,6,7,8],[9,10,11,12],[13,14,15,16]])        #定义数组 D
print(D)
#数学运算
E1=np.sqrt(D)              #对数组 D 中所有元素取平方根，结果赋给变量 E1
print(E1)
E2=np.abs([1,-2,-100])    #取绝对值
print(E2)
E3=np.cos([1,2,3])        #取 cos 值
print(E3)
E4=np.sin(D)              #取 sin 值
print(E4)
E5=np.exp(D)              #取指数函数值
print(E5)
```

执行结果如下：

```
[[1 2]
 [3 4]]                    #定义二维数组 A
[[5 6]
 [7 8]]                    #定义二维数组 B
[[-4 -4]
 [-4 -4]]                  # C1=A-B
[[ 6  8]
 [10 12]]                 # C2=A+B
[[ 5 12]
 [21 32]]                 # C3=A*B
[[0.2        0.33333333]
 [0.42857143 0.5        ]]  # C4=A/B
[[0.33333333 0.66666667]
 [1.         1.33333333]]  # C5=A/3
[[1.         0.5        ]
 [0.33333333 0.25       ]]  # C6=1/A
[[ 1  4]
 [ 9 16]]                 # C7=A**2
[1.  2.  3.  3.1 4.5 6.  7.  8.  9. ]  # C8=np.array([1,2,3,3.1,4.5,6,7,8,9])
[0.     0.125  0.25   0.2625 0.4375 0.625  0.75   0.875  1.     ]
#C9=(C8-min(C8))/(max(C8)-min(C8))  #对 C8 中的元素做极差化处理
[[ 1  2  3  4]
 [ 5  6  7  8]
 [ 9 10 11 12]
 [13 14 15 16]]             #D=np.array([[1,2,3,4],[5,6,7,8],[9,10,11,12],[13,14,15,16]])
[[1.         1.41421356 1.73205081 2.         ]
```

```
 [2.23606798 2.44948974 2.64575131 2.82842712]
 [3.          3.16227766 3.31662479 3.46410162]
 [3.60555128 3.74165739 3.87298335 4.          ]]       # E1=np.sqrt(D)
[   1    2 100]                                          # E2=np.abs([1,-2,-100])
[ 0.54030231 -0.41614684 -0.9899925 ]                   # E3=np.cos([1,2,3])
[[ 0.84147098   0.90929743   0.14112001 -0.7568025 ]
 [-0.95892427 -0.2794155    0.6569866    0.98935825]
 [ 0.41211849 -0.54402111 -0.99999021 -0.53657292]
 [ 0.42016704   0.99060736   0.65028784 -0.28790332]]        # E4=np.sin(D)
[[2.71828183e+00 7.38905610e+00 2.00855369e+01 5.45981500e+01]
 [1.48413159e+02 4.03428793e+02 1.09663316e+03 2.98095799e+03]
 [8.10308393e+03 2.20264658e+04 5.98741417e+04 1.62754791e+05]
 [4.42413392e+05 1.20260428e+06 3.26901737e+06 8.88611052e+06]]  # E5=np.exp(D)
```

8.1.5　数组切片

数组切片即抽取数组中的部分元素构成新的数组，数组的切片可以通过 ix_()函数构造行、列下标索引器来实现，实例代码如下：

```python
import numpy as np
D=np.array([[1,2,3,4],[5,6,7,8],[9,10,11,12],[13,14,15,16]])       #定义数组 D
D1=D[np.ix_([1,2],[1,3])]         #提取 D 中行数为 1、2，列数为 1、3 的所有元素
print(D1)
D2=D[np.ix_(np.arange(2),[1,3])]     #提取 D 中行数为 0、1，列数为 1、3 的所有元素
print(D2)
#提取以 D 中第 1 列小于 11 的数组成的逻辑数组作为行索引，列数为 1、2 的所有元素
D3=D[np.ix_(D[:,1]<11,[1,2])]
print(D3)
#提取以 D 中第 1 列小于 11 的数组成的逻辑数组作为行索引，列数为 2 的所有元素
D4=D[np.ix_(D[:,1]<11,[2])]
print(D4)
TF=[True,False,False,True]
D5=D[np.ix_(TF,[2])]          #提取 TF 逻辑列表为行索引，列数为 2 的所有元素
print(D5)
D6=D[np.ix_(TF,[1,3])]        #提取 TF 逻辑列表为行索引，列数为 1、3 的所有元素
print(D6)
```

执行结果如下：

```
[[ 6   8]
 [10 12]]       # D1=D[np.ix_([1,2],[1,3])]
[[2 4]
 [6 8]]         # D2=D[np.ix_(np.arange(2),[1,3])]
[[ 2   3]
 [ 6   7]
 [10 11]]       # D3=D[np.ix_(D[:,1]<11,[1,2])]
[[ 3]
 [ 7]
 [11]]          # D4=D[np.ix_(D[:,1]<11,[2])]
```

```
[[ 3]
 [15]]              # D5=D[np.ix_(TF,[2])]
[[ 2    4]
 [14 16]]           # D6=D[np.ix_(TF,[1,3])]
```

8.1.6　数组连接

在数据处理中，经常发生多个数据源的集成整合。数组间的集成与整合主要为组间的连接，包括水平连接和垂直连接两种方式。水平连接用 hstack()函数实现，垂直连接用 vstack()函数实现。注意输入参数为两个待连接数组组成的元组。实例代码如下：

```
import numpy as np
a = np.array([[1,2,3,4]])
b = np.array([[5,6,7,8]])
c = np.array([[100,200],[300,400]])
# 垂直连接要求列数相同
v_arr = np.vstack((a, b))       #将 2 个 1 行 4 列的数组垂直连接成 1 个 2 行 4 列的数组
print("垂直连接 np.vstack：{},{} ->{}".format(a.shape, b.shape, v_arr.shape))
print(v_arr)
# 水平连接要求行数相同
h_arr = np.hstack((v_arr, c))   #将 2 行 4 列的数组和 2 行 2 列的数组水平连接成 1 个 2 行 4 列的数组
print("水平连接 np.hstack：{},{} ->{}".format(v_arr.shape, c.shape, h_arr.shape))
print(h_arr)
```

执行结果如下：

```
垂直连接 np.vstack：(1, 4),(1, 4) ->(2, 4)
[[1 2 3 4]
 [5 6 7 8]]
水平连接 np.hstack：(2, 4),(2, 2) ->(2, 6)
[[   1    2    3    4 100 200]
 [   5    6    7    8 300 400]]
```

8.1.7　数据存取

利用 NumPy 库中的 save()函数可以将数据集保存为二进制数据文件，数据文件扩展名为npy，实例代码如下：

```
#coding=gbk
import numpy as np
A=np.array([[1,2],[3,4]])       #定义二维数组 A
print(A)
B=np.array([[5,6],[7,8]])       #定义二维数组 B
print(B)
cs=np.hstack((A,B))             #水平连接
print(cs)
np.save('data',cs)
```

执行结果如图 8.1 所示。

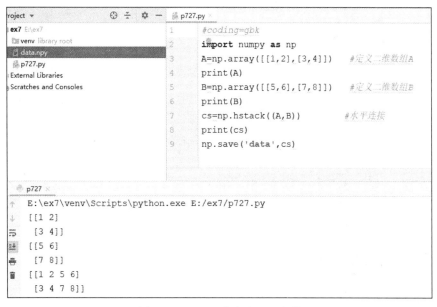

图 8.1　save()函数生成 npy 文件

从上图可以看出，np.save('data',cs)函数将 cs 数据集保存为二进制数据文件 data.npy。
利用 NumPy 包中的 load()函数可以加载该数据集，实例代码如下：

```
import numpy as np
c=np.load('data.npy')
print(c)
```

执行结果如下：

```
[[1 2 5 6]
 [3 4 7 8]]
```

8.1.8　数组排序与搜索

通过 NumPy 库提供的 sort()函数，可以将数组元素值按从小到大的顺序进行直接排序，实例代码如下：

```
import numpy as np
arr = np.array([5,4,3,2,1,9,8,6,7])
arrl=np.sort(arr)
print(arrl)
```

执行结果如下：

```
[1 2 3 4 5 6 7 8 9]
```

8.2　Matplotlib 数据可视化基础

Matplotlib 是提供数据绘图功能的第三方库，其 pyplot 子库主要用于实现各种数据展示图像的绘制。

在导入 matplotlib.pyplot 库时，可以通过 as 将 plt 作为 matplotlib.pyplot 的别名，导入方式

如下：

>>>import matplotlib.pyplot as plt

在后续程序中 plt 将代替 matplotlib.pyplot。

Matplotlib 图像大致可以分为以下 3 个层次结构。

（1）画板（canvas）：位于最底层，即放置画布（figure）的工具，在导入 Matplotlib 库时就会自动存在。

（2）画布或图片（figure）：建立在画板之上，在这一层可以设置图片的大小、背景色彩等参数。

（3）子图（axes）：将图片分成不同绘图区，实现分块绘图，每个绘图区中的子图都是一个独立的坐标系，绘图过程中的所有图像都是基于坐标系绘制的。

plt 子库中包含了 4 个与绘图区域有关的函数，具体见表 8.3。

表 8.3　plt 子库的绘图区域函数

函数	描述
plt.figure(figsize=None，facecolor=None)	创建一个全局绘图区域
plt.subplot(nrows,ncols,plot_number)	在全局绘图区域中创建一个子绘图区域
plt.axes(rect,axisbg='w')	创建一个坐标系风格的子绘图区域
plt.subplots adjust()	调整子绘图区域的布局

（1）figure()函数。使用 figure()函数创建一个全局绘图区域即画布，并且使它成为当前的绘图对象，其中 figsize 参数可以指定绘图区域的宽度和高度，单位为英寸。示例代码如下：

>>>plt.figure(figsize=(6,3))
>>>plt.show()

执行结果如图 8.2 所示。

图 8.2　figure()函数创建一个全局绘图区域

（2）subplot()函数。subplot()函数用于在全局绘图区域内创建子绘图区域，其参数表示将全局绘图区域分成 nrows 行和 ncols 列，如果 nrows=2，ncols=3，那么整个绘制图表平面会被划分成 2×3 个图片区域，用坐标表示为(1,1)、(1,2)、(1,3)、(2,1)、(2,2)、(2,3)，图形表示如图 8.3 所示。

(1,1) subplot(2,3,1)	(1,2) subplot(2,3,2)	(1,3) subplot(2,3,3)
(2,1) subplot(2,3,4)	(2,2) subplot(2,3,5)	(2,3) subplot(2,3,6)

图 8.3　子图区域位置图

当 plot_number=3 时，表示的坐标为(1,3)，即第一行第三列的子图位置。如果 nrows、ncols 和 plot_number 这 3 个数都小于 10，可以把它们缩写为一个整数。例如，subplot(323)和 subplot(3,2,3)所表达的含义是相同的。

例如，全局绘图区域被分割成 2×3 的网格，其中，在第 2 个位置绘制了一个坐标系。实例代码如下：

```
import matplotlib.pyplot as plt
plt.subplot(2,3,2)
plt.show()
```

执行结果如图 8.4 所示。

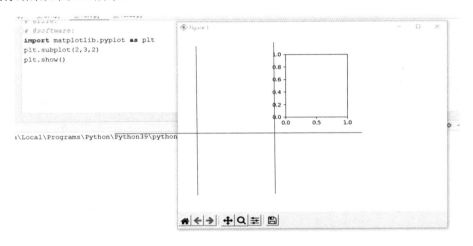

图 8.4　subplot(2,3,2)函数建立的绘图区域

（3）axes()函数。axes()函数默认创建一个 subplot(111)坐标系，参数 rect=[left,bottom,width, height]，其中 4 个变量的范围都为[0,1]，表示坐标系与全局绘图区域的关系。实例代码如下：

```
import numpy as np
import matplotlib.pyplot as plt
plt.axes([0.1,0.1,0.5,0.3])
plt.show()
```

执行结果如图 8.5 所示。

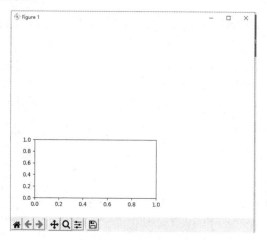

图 8.5　axes()产生的子区域

plt 子库提供 17 个用于绘制"基础图表"的常用函数，具体见表 8.4。

表 8.4　plt 子库的基础图表函数

函数	描述
plt.plot(x,y,label,color,width)	根据 x、y 数组绘制直、曲线（label 表示设置标签，color 表示曲线的颜色，width 表示曲线的宽度）
plt.boxplot(data,notch,position)	绘制一个箱型图（Box-plot）
plt.bar(left,height,width,bottom)	绘制一个条形图
plt.barh(bottom,width,height,left)	绘制一个横向条形图
plt.polar(theta,r)	绘制极坐标图
plt.pie(data,explode)	绘制饼图
plt.psd(x,NFFT=256,pad_to,Fs)	绘制功率谱密度图
plt.specgram(x,NFFT=256,pad_to,F)	绘制谱图
plt.cohere(x,y,NFFT=256,Fs)	绘制 X-Y 的相关性函数
plt.scatter()	绘制散点图(x、y 是长度相同的序列)
plt.step(x,y,where)	绘制步阶图
plt.hist(x,bins,normed)	绘制直方图
plt.contour(X,Y,Z,N)	绘制等值线
plt.vlines()	绘制垂直线
plt.stem(x,y,linefmt, markerfmt,basefmt)	绘制曲线每个点到水平轴线的垂线
plt.plot_date()	绘制数据日期
plt.plotfile()	绘制数据后写入文件

例 8-1　绘制基本图形示例 1。绘制余弦函数曲线，实例代码如下：

```
import numpy as np
import matplotlib.pyplot as plt
plt.axes([0.1,0.1,0.5,0.3])
```

```
x=np.arange(0,10,0.3)
y=np.cos(x)
plt.plot(x,y,linewidth=3)
plt.show()
```

执行结果如图 8.6 所示。

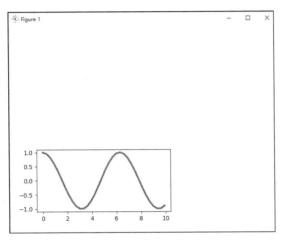

图 8.6　余弦函数曲线

例 8-2　绘制基本图形示例 2。用点方式绘制正弦函数曲线。实例代码如下：

```
import numpy as np
import matplotlib.pyplot as plt
x = np.linspace(-10, 10, 100)      #列举出一百个数据点
y = np.sin(x)                      #计算出对应的 y
plt.plot(x, y, marker="o")         # marker="o"表示把这些 x 和 y 的对应坐标用"点"的方式绘制出来
plt.show()
```

执行结果如图 8.7 所示。

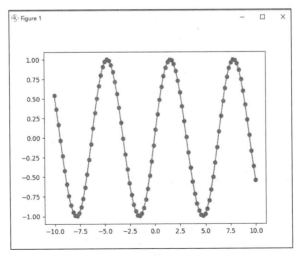

图 8.7　用点方式绘制正弦函数曲线

plt 子库提供 11 个用于添加各类标签的常用函数，具体见表 8.5。

表 8.5　添加各类标签的常用函数

函数	描述
plt.title()	设置标题
plt.xlabel(s)	设置当前 x 轴的标签
plt.ylabel(s)	设置当前 y 轴的标签
plt.xlim(xmin,xmax)	设置当前 x 轴取值范围
plt.ylim(ymin,ymax)	设置当前 y 轴取值范围
plt.xticks(array,'a','b', 'c)	设置当前 x 轴刻度位置的标签和值
plt.yticks(array, 'a', 'b', 'c')	设置当前 y 轴刻度位置的标签和值
plt.legend()	为当前坐标图放置图例
plt.suptitle()	为当前绘图区域添加中心标题
plt.text(x,y,s,fontdic, withdash)	为坐标图轴添加注释
plt.annotate(note, xy, xytext, xycoords.textcoords,arrowprops)	用箭头在指定数据点创建一个注释或一段文本

例 8-3　绘制简单直线，设置标题、坐标轴、图例。示例代码如下：

```python
import matplotlib.pyplot as plt
import numpy as np
a = np.arange(10)
plt.xlabel('x')
plt.ylabel('y')
plt.plot(a,a*1.5,a,a*2.5,a,a*3.5,a,a*4.5)
plt.legend(['1.5x','2.5x','3.5x','4.5x'])
plt.title('simple lines')
plt.show()
```

执行结果如图 8.8 所示。

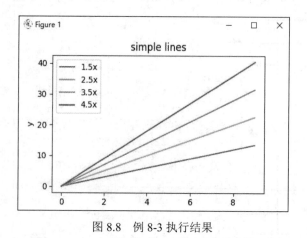

图 8.8　例 8-3 执行结果

例 8-4　在多个 plot 上绘图，实例代码如下：

```python
import numpy as np
```

```
import matplotlib.pyplot as plt
fig,axes=plt.subplots(2,1)
plt.subplot(2,1,1)
x = np.linspace(-10, 10, 100)        #列举出 100 个数据点
y = np.sin(x)                        #计算出对应的 y
plt.plot(x, y, marker="o")
plt.subplot(2,1,2)
a = np.arange(10)
plt.plot(a,a*1.5,a,a*2.5,a,a*3.5,a,a*4.5)
plt.show()
```

执行结果如图 8.9 所示。

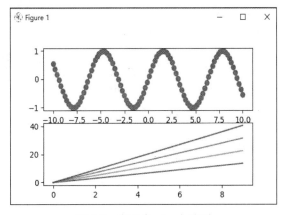

图 8.9　在多个 plot 上绘图

例 8-5　综合实例：研究人员在 2014 年，分别在中国与 R 国的四个城市对将近 2 万名 7～18 岁的青少年进行了相关测试。中国和 R 国青少年身高数据见表 8.6。

表 8.6　中国和 R 国青少年身高数据表

年龄	中国青少年身高/cm	R 国青少年身高/cm
7	125	122
8	131	128
9	138	133
10	140	138
11	145	143
12	153	153
13	161	155
14	169	162
15	174	166
16	174	169
17	174	170
18	175	171

编写程序，把数据绘制成曲线图。实例代码如下：

```
#coding=gbk
import matplotlib.pyplot as plt
import numpy as np
plt.figure(1)        #创建画布
x=np.array([7,8,9,10,11,12,13,14,15,16,17,18])    #年龄
y=np.array([125,131,138,140,145,153,161,169,174,174,174,175])    #中国孩子身高
y1=np.array([122,128,133,138,143,153,155,162,166,169,170,171])    #R 国孩子身高
plt.subplot(2,1,1)        #分为 2×1 图形阵，选择第 1 张图片绘图
plt.rcParams['font.sans-serif'] ='SimHei'        #设置字体为 SimHeir
plt.title('7～18 岁青少年身高数据')        #添加标题
plt.xlabel('年龄')                        #添加 x 轴名称：年龄
plt.ylabel('身高')                        #添加 y 轴名称：身高
plt.xlim(7,20)                            #指定 x 轴范围：(7,20)
plt.ylim((100,200))                       #指定 y 轴范围：(100,200)
plt.xticks([7,9,11,13,15,17,19,20])       #设置 x 轴刻度
plt.yticks([100,110,120,130,140,150,160,170,180,190,200])    #设置 y 轴刻度
plt.plot(x,y)                    #绘制中国青少年 7～18 岁年龄段身高折线图
plt.plot(x,y1,"r*--")            #绘制 R 国青少年 7～18 岁年龄段身高折线图，并用红色"*"号标记
plt.legend(['中国青少年身高','R 国青少年身高'])        #添加图例
plt.savefig('1.png')                      #保存图片
plt.show()
```

执行结果如图 8.10 所示。

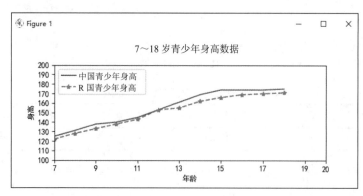

图 8.10　中国和 R 国青少年身高对比图

8.3　jieba 库的使用

英文句子是由单词组成的，每个单词有一定的含义。英文单词的提取可通过字符串处理函数 split() 实现，例如：

```
>>>"you are a student".split()
['you', 'are', 'a', 'student']
```

中文句子是由字组成的，词语由两个及两个以上的字组成，词与词之间多数没有明确的分隔符号。因此，在对中文进行分析时，需要通过中文分词将中文句子中的词语分解出来。

jieba 是一个重要的中文分词第三方库，jieba 库的分词原理是依靠一个中文词库，将待分词的内容与词库进行比对，通过图结构和动态规划方法找到最大概率的词语。jieba 的中文词库还可以添加自定义中文词。

jieba 有 3 种分词模式：精确模式、全模式、搜索引擎模式。精确模式可以对语句做最精确的切分，不存在冗余词组；全模式会把语句中所有可能是词的组合都切分出来，速度很快，但是存在冗余词组；搜索引擎模式是在精确模式基础上，对长词再次切分。jieba 库常用分词函数见表 8.7。

表 8.7　jieba 库常用分词函数

函数	描述
jieba.cut(s)	精确模式，返回一个可迭代的数据类型
jieba.lcut(s)	精确模式，返回一个列表类型
jieba.cut(s,cut all=True)	全模式，输出文本 s 中所有可能的词
jieba.lcut(s,cut all=True)	全模式，返回一个列表类型
jieba.cut _for_ search(s)	搜索引擎模式，搜索引擎建立索引的分词结果
jieba.lcut _for_ search(s)	搜索引擎模式，返回一个列表类型
jieba.add_word(w)	向分词词典中增加新词 w

（1）精确模式分词实例代码如下：

```
#coding=gbk
import jieba
b=jieba.lcut("计算机专业的大学生")
print(b)
```

执行结果如下所示：

```
['计算机专业', '的', '大学生']
```

jieba.lcut()函数以精确模式分解出的词语能够完整且不多余地组成原始文本。

（2）全模式分词实例代码如下：

```
#coding=gbk
import jieba
b=jieba.lcut("计算机专业的大学生",cut_all=True)
print(b)
```

执行结果如下所示：

```
['计算', '计算机', '计算机专业', '算机', '专业', '的', '大学', '大学生', '学生']
```

jieba.lcut 函数以全模式分解出所有可能构成词语的组合，词与词之间的字可能重叠。

（3）搜索引擎模式分词实例代码如下：

```
#coding=gbk
import jieba
b=jieba.lcut_for_search("计算机专业的大学生")
print(b)
```

执行结果如下所示：

['计算', '算机', '专业', '计算机', '计算机专业', '的', '大学', '学生', '大学生']

jieba.lcut_for_search()函数用搜索引擎模式分词，该模式首先执行精确模式，然后再对其中的长词进一步切分。

（4）向词库增加新词。分词函数能够根据中文字符间的相关性识别出新词，对于无法识别的词语，也可以通过 add_word()函数将新词增加到词库中，增加后的新词就能被识别了。请阅读如下示例。

```
import jieba
b=jieba.lcut("李光明是一个大学生")
print(b)
```

执行结果如下所示：

['李', '光明', '是', '一个', '大学生']

分词函数没有自动识别出"李光明"这个名字，使用 add_word()函数增加新词后，就能识别出"李光明"这个名字了。实例代码如下：

```
#coding=gbk
import jieba
jieba.add_word('李光明')
b=jieba.lcut("李光明是一个大学生")
print(b)
```

执行结果如下所示：

['李光明', '是', '一个', '大学生']

8.4 wordcloud 库的使用

8.4.1 词云简介

词云也叫文字云，是对文本数据中出现频率较高的"关键词"进行视觉上的突出呈现，其将关键字渲染成类似云一样的彩色图片，从而使人一眼就可以了解文本数据主要表达的意思。词云以图片为背景，以分析的数据作为填充，使数据展现得更加形象。词云常用于博客、文章分析等。wordcloud 是优秀的词云展示第三方库。

wordcloud 库把词云当作一个 WordCloud 对象，用 w = wordcloud.WordCloud()语句生成一个词云对象。这个对象的变量是 w，通过对词云对象 w 赋予特定的文本参数以及其他参数来设定绘制的形状、尺寸和颜色等。

在 wordcloud（小写）库中，WordCloud（大写）是一个代表文本对应词云的对象。一个词云就是一个 WordCloud 对象。

8.4.2 中英文词云的处理区别

在生成词云的时候，wordcloud 默认按照空格或者某个标点符号作为分隔符来对目标文本进行分词处理。英文文本可直接调用 wordcloud 库函数；中文文本需要先用 jieba 对文本进行分词处理，然后用空格将分好的词拼接成字符串，再调用 wordcloud 库函数。另外，处理中文时还需要指定中文字体，例如将微软雅黑字体（msyh.ttc）作为显示效果，否则无法显示中文。

8.4.3　WordCloud 常用的函数

WordCloud 常用的函数见表 8.8。

表 8.8　WordCloud 常用的函数

函数	描述
w.generate(txt)	向 WordCloud 对象 w 中加载文本 txt
w.to_file(filename)	将词云输出为.png 或.jpg 格式的图像文件

w.generate(txt)函数可以完成文本预处理、词频统计、将高频词以图片形式进行彩色渲染这 3 项工作，实例代码如下：

```
>>>w.generate("Python and WordCloud") #向 WordCloud 对象 w 中加载文本 txt
>>>w.to_file("outfile.png")   #将词云输出为.png 格式的图像文件
```

8.4.4　词云图生成步骤

词云图生成步骤具体如下：

（1）引入词云库 import wordcloud。

（2）用 wordcloud.WordCloud()函数创建一个词云对象并赋给变量 w：w = wordcloud.WordCloud()。

（3）基于词云对象和文本数据统计词频并生成词云图。输入词云文本：w.generate("hello Python python ")。

（4）展现已生成的词云图并存储在本地。输出词云文件：w.to_file("pywordcloud.png")

完整代码如下：

```
import wordcloud
w = wordcloud.WordCloud()
w.generate("hello Python python ")
w.to_file("pywordcloud.png")
```

执行结果如图 8.11 所示。

图 8.11　基于文本数据生成词云图

从上图可以看出，次数少的词显示的字体比较小，这说明在绘制词云的时候原则上不需要单独对文本进行词频统计，词云会自动完成，也不需要对文本单词进行分隔，只需要给词云一个有空格分隔的字符串。在生成词云对象的时候可以根据配置对象参数设置词云，格式为 w = wordcloud.WordCloud(<参数>)，具体见表 8.9。

表 8.9   配置对象参数

参数	描述
width	指定词云对象生成图片的宽度，默认 400 像素 例如：>>>w=wordcloud.WordCloud(width=600)
height	指定词云对象生成图片的高度，默认 200 像素 例如：>>>w=wordcloud.WordCloud(height=400)
min_font_size	指定词云中字体的最小字号，默认 4 号 例如：>>>w=wordcloud.WordCloud(min_font_size=10)
max_font_size	指定词云中字体的最大字号，根据高度自动调节 例如：>>>w=wordcloud.WordCloud(max_font_size=20)
font_step	指定词云中字体字号的步进间隔，默认为 1 例如：>>>w=wordcloud.WordCloud(font_step=2)
font_path	指定字体文件的路径，默认 None 例如：>>>w=wordcloud.WordCloud(font_path="msyh.ttc")
max_words	指定词云显示的最大单词数量，默认 200 例如：>>>w=wordcloud.WordCloud(max_words=20)
stop_words	指定词云的排除词列表，即不显示的单词列表 例如：>>>w=wordcloud.WordCloud(stop_words={"Python"})
mask	指定词云形状，默认为长方形，需要引用 imread()函数，指定一个词云图像，通过 mask 给定一个图片模式 例如：>>>from imageio import imread >>>mk=imread("pic.png") >>>w=wordcloud.WordCloud(mask=mk)
background_color	指定词云图片的背景颜色，默认为黑色 例如：>>>w=wordcloud.WordCloud(background_color="white")

例 8-6   综合实例（英文词云图）：将 woodpecker.txt 文本中的英文单词用词云显示出来，实例代码如下：

```
#coding=gbk
from wordcloud import WordCloud
import matplotlib.pyplot as plt
from imageio import imread

text = open('woodpecker.txt','r').read()        #woodpecker.txt 文件在当前目录下
#读入背景图片
bg_pic = imread('music.jpg')                    #从指定的文件读取图像
#生成词云
stopwd=['is','a','the','to','of','in','on','at','and']    #不显示的单词列表
wdcd=WordCloud(mask=bg_pic,background_color='white',scale=1.5,stopwords=stopwd)
wdcd=wdcd.generate(text)
plt.imshow(wdcd)
```

```
plt.axis('off')        #取消坐标轴
plt.show()
wdcd.to_file('pic.jpg')
```

执行结果如图 8.12 所示。

图 8.12　英文词云图

解析：一般可以通过给定一个集合类型赋给 stop_words 参数，用来排除在集合中出现的单词。plt.imshow()函数负责对图像进行处理，并显示其格式，plt.show()则是将 plt.imshow()处理后的图像显示出来。

例 8-7　综合实例（中文词云图）。中文需要先分词并组成空格分隔的字符串，然后生成图片，实例代码如下：

```
#coding=gbk
import jieba
import wordcloud
txt = "Python 是一个高层次的结合了解释性、编译性、互动性和面向对象的脚本语言，具有很强的可读性，它具有比其他语言更有特色语法结构。"
w = wordcloud.WordCloud( width=1000,font_path="msyh.ttc",height=700, max_words=30)
w.generate(" ".join(jieba.lcut(txt)))
w.to_file("pywcloud.png")
```

执行结果如图 8.13 所示。

图 8.13 中文词云图

解析：

（1）font_path="msyh.ttc"：msyh 表示字体用微软雅黑，ttc 是一个字体文件的后缀。

（2）max_words：表示在有限的图片中最多显示的单词的数量。如果发现词云中出现的单词过多，可以通过这个变量来限制显示出来的单词的词云效果。

（3）jieba.lcut：对文本进行中文分词，将分词结果生成一个列表。

（4）("".join)：将列表中的元素用 join 前面的空格字符来分隔，构成一个长字符串，将这个长字符串赋给 WordCloud 对象。

（5）to_file：将中文词云用图像显示出来。

附录　习题参考答案

第1章　Python 介绍

答案略。

第2章　Python 数据类型

答案略。

第3章　程序的控制结构

一、选择题

1．B　　2．C　　3．D　　4．D　　5．B　　6．A　　7．D　　8．C　　9．C　　10．B

二、简答题

1．在循环正常结束后，会执行循环中的 else 语句。

2．break 语句用于结束整个循环，而 continue 语句的作用是结束本次循环，紧接着执行下一次循环。

三、编程题

1．代码如下：
```python
for i in range(0,11):
        print(i)
```
2．代码如下：
```python
x=float(input("请输入一个数："))    #输入实数
if x<0:
    y=0;
elif x<5:
    y=x
elif x<10:
    y=3*x-5
elif x<20:
    y=0.5*x-2
else:
    y=0
print(y)
```

3．代码如下：

```
x=int(input("请输入一个数：")) #输入整数
if x>0:
    print('x 是正数')
elif x<0:
    print('x 是负数')
else:
    print('x 是零')
```

第4章　组合数据类型

一、选择题

1．D　　2．B　　3．C　　4．D　　5．B　　6．B　　7．B　　8．D　　9．A　　10．A

二、程序分析题

1．不能通过编译，元组不能使用下标增加元素。

2．可以通过编译，运行结果如下：

```
0
3
```

3．返回列表 listinfo 中小于 100，且为偶数的数。输出：88 24 44 44 。

三、编程题

1．代码如下：

```
#统计英文句子"Python is an interpreted language"中有多少个单词
s = 'Python is an interpreted language'
def word_len(s):
    #以空格分割成列表，去除空项
    return len([i for i in s.split(' ') if i])
#列表长度就是单词数量
print(f'文本:{s}\n 有{word_len(s)}个单词')
```

2．代码如下：

```
#输入一个字符串，将其反转并输出
str3 =input('请输入一个字符串：')
#正常输出
print('正常输出为',str3)
#反转输出
result = str3[::-1]
print('反转输出为',result)
```

3．代码如下：

```
total = 0
```

```
list1 = [11, 5, 17, 18, 23]
for ele in list1:
        total = total + ele
print("列表元素之和为", total)
```

4．代码如下：
```
#已知一个字典包含若干员工信息（姓名与性别，男为0，女为1），编写程序删除
#性别为男的员工的信息
dic={'小明':0,'小红':1,'小黄':0,'小张':0,'小华':0,'小兰':1}
print(f"删除前的字典：{dic}")
keys=[]
values=[]
for (key,value) in dic.items():
        keys.append(key)
        values.append(value)
index=0
for value in values:
        if value==0:
                delkey=keys[index]
                del dic[delkey]
        index=index+1
print(f"删除后的字典：{dic}")
```

5．代码如下：
```
#由用户输入学生学号与姓名，数据用字典存储，最终输出学生信息（按学号
#由小到大进行显示）
#创建字典
students = {}
# 用户输入
judge = "Y"
while judge == "y" or judge == "Y":
                ID = input("请输入学号：")
                #判断学号是否合法
                while (not ID) or (ID in students):
                        print('学号为空或重复，请重新输入')
                        ID = input("请输入学号：")
                student = input("请输入姓名：")
                #加入字典
                students[ID] = student
                judge = input("是否继续（输入 y 继续，否则结束）：")
#排序
list1 = list(students.items())
list1.sort(key=lambda x: x[0])
print(dict(list1))
```

6. 代码如下：

```
#编写一个程序，实现删除列表中重复元素的功能
arr = []
length = int(input("列表中需输入元素的个数："))
i = 0
while i < length:
    #输入 i 个元素
    b = input()
    arr.append(b)
    i = i + 1
#列表转为集合（集合中会自动删除重复的元素）
set1 = set(arr)
#集合转化为列表
list1 = list(set1)
print(f"去重后列表：{list1}")
```

第 5 章　函数

一、选择题

1．C　2．D　3．D　4．B　5．A　6．A　7．C　8．D　9．B　10．D

二、编程题

1．自定义一个判断某个数是否是素数的函数，然后调用这个函数判断输出 1000~2000 之间所有的素数。

参考程序：

```
def f(n):
    t=True
    for i in range(2,n):
        if n%i==0:
            t=False
            break
    return t

for m in range(1000,2000):
    if f(m)==True:
        print(m,end=' ')
```

2．设置密码时一般包含四种字符，分别为数字、小写字母、大写字母和其他字符（除数字、小写字母、大写字母外的字符），如果密码中只包含四种字符中的一种，一般认为是弱密码；如果密码中包含四种字符中的两种，一般认为是普通密码；如果密码中包含四种字符中的三种，一般认为是中等密码；如果密码中包含四种字符中的四种，一般认为是高强度密码。自定义一个判断密码安全性级别的函数。

参考程序：

```
import string
def check(password):
    if len(password)<6:
        return "密码长度不能小于 6 个字符！"
    r=[0,0,0,0]
    for ch in password:
        if ch in string.digits:
            r[0]=1
        elif ch in string.ascii_lowercase:
            r[1]=1
        elif ch in string.ascii_uppercase:
            r[2]=1
        elif ch in string.punctuation:
            r[3]=1
    d={1:"弱密码",2:"普通密码",3:"中等密码",4:"高强度密码"}
    return d.get(sum(r))

s=input("请输入测试密码：")
print("密码等级：",check(s))
```

参考程序运行结果：

```
请输入测试密码：abcdef
密码等级：弱密码
```

3. 恺撒加密算法是一种替换加密的技术，明文中的所有大小写字母都在字母表上向后（或向前）按照一个固定数目（偏移量）进行偏移后被替换成密文。自定义恺撒加密算法的函数。

参考程序：

```
def encryption(s1,k):
    s2=""
    for ch in s1:
        if (ord(ch)>=ord("a") and ord(ch)<=ord("z")) or (ord(ch)>=ord("A") and ord(ch)<=ord("Z")):
            ch=chr(ord(ch)+k)
            if(ord(ch)>ord("Z") and ord(ch)<=ord("Z")+4) or ord(ch)>ord("z"):
                ch=chr(ord(ch)-26)
        else:
            ch=ch
        s2=s2+ch
    return s2

m=input("请输入明文：")
d=int(input("请输入密钥："))
print("密文为：",encryption(m,d))
```

参考程序运行结果：

```
请输入明文：Python
请输入密钥：3
密文为：Sbwkrq
```

4. 使用辗转相除法，自定义一个求两个整数最大公约数的函数。

参考程序：

```
def f(a,b):
    while a!=0:
        c=b%a
        b,a=a,c
    return b

x=int(input("请输入第一个正整数："))
y=int(input("请输入第二个正整数："))
print("最大公约数为：",f(x,y))
```

参考程序运行结果：

```
请输入第一个正整数：50
请输入第二个正整数：60
最大公约数为：10
```

5. 内置函数 sorted()的功能是实现对所有可迭代的对象进行排序，编写程序自定义一个可以实现相同功能的函数。

参考程序：

```
def p(list1):
    n=len(list1)
    for i in range(0,n):
        for j in range(i+1,n):
            if list1[i]>list1[j]:
                temp=list1[i]
                list1[i]=list1[j]
                list1[j]=temp
    return list1
str1=input("请输入一组数：")
list1=str1.split()
list2=list(map(lambda x:int(x),list1))
print("从小到大的顺序为：",p(list2))
```

参考程序运行结果：

```
请输入一组数：45 78 98 6 5 4
从小到大的顺序为：[4, 5, 6, 45, 78, 98]
```

第6章　文件操作

一、选择题

1. B　2. D　3. C　4. A　5. C　6. A　7. C　8. D　9. A　10. C

二、编程题

1. 文本文件 file1.txt 中有 n 行，每行为一个整数（可自己设定），编写程序读取 file1.txt

中的数据，按照从小到大的顺序排列后保存到 file2.txt 文本文件中。

参考程序：

```
with open(r'D:\file1.txt','r') as f:
    list1=f.readlines()
f.close()
list2=sorted(list(map(lambda x:int(x.strip()),list1)))
list3=list(map(lambda x:str(x)+'\n',list2))
with open(r'D:\file1.txt','w') as f:
    for s in list3:
        f.write(s)
f.close()
```

2．编写程序，输入一个目录或文件的路径，判断这个目录或文件是否在 D:\a 中。

参考程序：

```
import os
filepath=(input("请输入目录或文件的路径：")).strip()
i=0
filelist=list(os.walk(r"D:\a"))
for r,ds,fs in filelist:
    for d in ds:
        if filepath==os.path.join(r,d):
            print(filepath,"目录存在！")
            i=1
    for f in fs:
        if filepath==os.path.join(r,f):
            print(filepath,"文件存在！")
            i=1
if(i==0):
    print(filepath,"不存在！")
```

参考程序运行结果：

```
请输入目录或文件的路径：D:\a\c\h
D:\a\c\h  目录存在！
```

3．编写程序，输入一个目录，递归遍历这个目录（不使用 walk()方法），输出这个目录下所有目录和文件的路径。

参考程序：

```
import os
def traversal(fpath):
    if not(os.path.exists(fpath) and os.path.isdir(fpath)):
        print("文件目录有误！")
    for path1 in os.listdir(fpath):
        print(os.path.join(fpath,path1))
        if os.path.isdir(os.path.join(fpath,path1)):
            traversal(os.path.join(fpath,path1))
```

```
traversal(r'D:\PyCharm')
```

4．编写程序，统计 C 盘根目录下所有扩展名为 txt 的文件的数量。

参考程序：

```
import os
fpath=r'C:\\'
ftxt=0
if os.path.exists(fpath):
    filelist=os.walk(fpath)
for i,j,k in filelist:
    for m in k:
        if m.endswith('.txt'):
            ftxt=ftxt+1
print("文本文件的数量： ",ftxt)
```

参考程序运行结果：

文本文件的数量：3559

5．查阅 Python 语言扩展库的相关材料，编写一个可对二进制数字图像文件进行相关操作的程序。

参考程序：（实现数字图像的水平翻转）

```
from PIL import Image
im=Image.open('image1.jpg')
om=im.transpose(Image.FLIP_LEFT_RIGHT)
om.save('image2.jpg')
```

参考程序运行结果：

原始图像　　　　　　　　　　　　　　翻转图像

第 7 章　模块

答案略。